什么是什么　德国少年儿童百科知识全书

探险家

[德] 雷纳·科特 / 著
[德] 皮特·克劳克 等 / 绘
梁姗姗 / 译

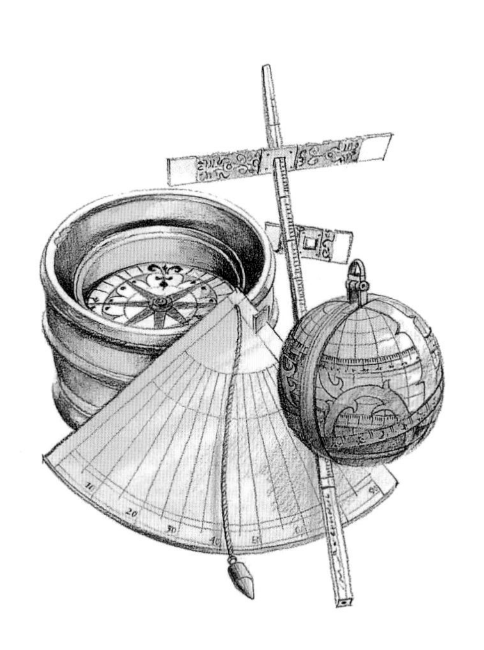

长江出版传媒 | 湖北教育出版社

前 言

世界正在“越变越小”。卫星可以在几分钟内环绕地球一周；广播、电视和互联网可以把信息传递到最偏远的地区；飞机可以搭载乘客快速地抵达地球的任意一个角落。

过去可并不是这样的。大概 150 年前，跨越大西洋还需要历时数个星期，从欧洲乘船去印度要花费好几个月；人们对亚洲内陆广阔的沙漠和草原、刚果潮湿闷热的热带雨林、南极洲常年不化的冰川都非常陌生。

今天，我们之所以能够比古希腊、古罗马时代的人们更多地了解地球，要归功于那些勇敢的航海家、大胆的探险家以及不断探索的科学家们。本书就介绍了这些伟大的人物以及他们的冒险经历。尽管存在着很多真实和臆想的危险，但是探险家们还是走出了自己熟悉的环境，去寻找价值连城的香料、黄金和宝石。探险家们追逐名利的野心和兴致勃勃的征服欲，或者纯粹出于对外面世界的好奇和对知识的渴望，使得他们义无反顾地去开辟新的贸易路线，向其他地方的人们传播他们所尊崇的文化。

与其他文化的接触拓展了探险家们的世界观，丰富了他们的生活。但遗憾的是，这些探险家大多以征服者的身份出现，他们争权夺利、残暴蛮横。尽管如此，探险家们的旅行依然是世界历史上最刺激和最惊险的经历。

最后，我们也要感谢那些收集旅行游记，并加以点评的学者们。

图片来源明细

图片：Focus图片/SPL(汉堡)：4(2)，16左下，16(中)；AKG公司(柏林)：5，6上，7左上，11右下，12，14，15，16左中，18，23上，24(皮泽洛)，26下，30左下，32，33，34左上，34下(指南针)，34/35，35右上，38右中，39左上，44，47(2)；Tessloff出版社档案馆(纽伦堡)：25(西红柿、土豆、花生和玉米)，50；普鲁士文化遗产图片档案馆(柏林)：11上，21下，23中，24右上；彼尔德伯格图片社(汉堡)：10左中；布里奇曼艺术图书馆(伦敦)：16右下，17左中，23中，30(4)，31(3)，37，39右上，40右中(伯顿)，40右下(六分仪，指南针)，42右(3)；科瑞斯特・艾琳/国家古代艺术品博物馆：9中；考比斯公司(杜塞尔多夫)：8左下，8/9，9左上，10中，11左下，17左上(花瓶)，19，22右上，24左下，25(棉花，可可豆，烟草)，29，48(3)；货币博物馆(苏黎世)：7右上(2)；民族学博物馆(汉堡)：10左下；东方图片库(北京)：14(龙)；同盟图片(法兰克福)：6中，7下(3)，8上，9右中，10上，11中(麦加)，13(2)，17(9)(香料)，20，22左中，22下，24(科特斯)，25上，26上，28(2)，30右中(查尔斯・达尔文)，35下，36，38左上，39下，40/41，43，48左上；Picture Desk公司/艺术档案馆(伦敦)：16上(伊斯坦布尔托普卡匹博物馆 /达格利・奥提)，23下，25右下(考奈尔・德弗里斯)；皇家地理学会(伦敦)：40中(3)，40右下(刻印文字/碑文)；布拉克航海博物馆/琳达・托尔通：34下(5)；Ullstein bild图片(柏林)：21右上，40左下，42上，48

封面图片：视觉中国

目 录

第一批探险家

为什么我们对早期的探险知之甚少？

我们有时会想当然地认为，古代的人们很难进行长途旅行。毕竟他们在陆地上只能依靠马和骆驼，在海上航行时只能依靠简单的帆船，而且当时还没有六分仪和指南针。尽管如此，石器时代的人们还是在几千年的时间内，从他们的发源地东非徒步迁徙到了澳大利亚和火地岛。

早在远古时代，人类就留下了横跨大洋的痕迹。只不过对这些伟大举动的记录，已经随着时间的流逝而遗失了。旅行的线路和贸易的航线被视为国家机密，它们被知情者据为己有，不愿外传；而那些本来就存留不多的记录也在战争中遗失了。即便如此，我们依旧可以想象到，早期社会的人类凭借非凡的智慧与勇气，完成了动人心魄的探险壮举。

原始人

原始人是地球上最早的探险家和移居者。早在大约 200 万年前，直立人就开始走出非洲大陆，之后抵达了欧洲和东亚。据推测，从大约 5 万年前，和我们同种的直立人就开始乘坐简易的船只，从新几内亚出发，横跨海洋，最终移民到澳大利亚。大约在 1.2 万年前的冰河时期，其他的直立人也开始跨过当时干涸的白令海峡，进入美洲大陆，并迅速迁移到美洲大陆的最南端。在历史上的不同时期，美洲都会出现几次移民迁入的浪潮，今天，我们从美洲原住民使用的不同语言中就可以找到这些迁移的痕迹。

托塔维尔直立人的头骨

在意大利发现的直立人石化的足迹

蓬特之旅

大约在公元前 1500 年，埃及女法老哈特谢普苏特派出了一支探险队，远征传说中的蓬特。埃及寺庙的壁画对蓬特之旅进行了非常详细的描述。从蓬特返回的探险者们带回了很多价值连城的东西：象牙、黄金、香料、檀木、乌木、兽皮以及以前从没见过的动物。尽管我们不知道蓬特的具体位置，但据推测，它应该位于东非的某处。1 000 多年前，埃及人发动过好几次对这块宝地的探险，但遗憾的是，这些去往蓬特的历史记录全都遗失了。

蓬特之旅的壁画

世界著名探险家

费迪南德·麦哲伦

费迪南德·麦哲伦是葡萄牙著名探险家、航海家。他于1480年出生在葡萄牙北部波尔图的一个没落骑士家庭。1505年，麦哲伦参加了葡萄牙第一任驻印度总督阿尔梅达的远征队，积累了丰富的航海经验。1518年，西班牙国王查理五世接见了麦哲伦，答应了他航海的请求。

1519年，在查理五世的支持下，麦哲伦率领一支由五艘船组成的船队出航，穿越大西洋并于第二年到达南美洲南端的拉普拉塔河口。1520年8月底，麦哲伦的船队驶出圣胡利安港，并找到了一条通往"南海"的峡道，即后人所称的麦哲伦海峡。麦哲伦在太平洋上经历100多天的航行，一直没有遭遇到狂风大浪，于是他将"南海"命名为"太平洋"。

1521年3月，麦哲伦的船队到达马里亚纳群岛，船队再往西行，来到现今的菲律宾群岛。此时，麦哲伦和他的同伴们终于首次完成横渡太平洋的壮举。可惜不久后，麦哲伦就在与当地土著人的冲突中丧生。麦哲伦死后，他的同伴们继续航行。直到1522年9月，船队中的"维多利亚"号返抵西班牙，终于完成了历史上首次环球航行。

克里斯托弗·哥伦布

克里斯托弗·哥伦布是意大利著名探险家、航海家。他于1451年出生于意大利西北部。当时西方资本主义刚刚萌芽，各欧洲王国纷纷通过建立贸易航线和殖民地来扩充财富。哥伦布提出向西航行到达亚洲的计划得到了西班牙王室的支持。

哥伦布于1492年开始了第一次航行，并最终在巴哈马群岛中的一座岛屿登陆。后来，他将这座岛屿命名为圣萨尔瓦多岛。在之后的三次航行中，哥伦布分别到达过安的列斯群岛、加勒比海岸的委内瑞拉以及中美洲，并宣布它们为西班牙帝国的领地。

1506年，哥伦布逝世。他的航海探险经历开辟了延续几个世纪的欧洲探险和海外殖民地扩张时代。

张　骞

张骞是中国汉代杰出的外交家、旅行家和探险家。公元前139年，张骞受汉武帝之命第一次出使西域，对广阔的西域进行了实地的调查研究工作。他曾亲自访问了西域各国和中亚的大宛、大月氏和大夏诸国。

公元前119年，张骞第二次出使西域，促进了中国与西域诸国的友好往来，打开了中国与中亚、西亚、南亚及欧洲等国交往的大门，构建了中国与西方国家友好交往的桥梁，同时也促进了东西方文化、经济的交流和发展，为整个世界的文明注入了新的活力。

郑　和

郑和是中国明代著名航海家、外交家。1405年至1424年，郑和奉明成祖朱棣之命，六次作为正使下西洋。1430年，郑和第七次下西洋。据《明史·郑和传》记载，郑和出使过的国家或地区共有36个。

在与西洋各国建立友好关系的过程中，郑和积极开展了贸易活动，为东南亚地区带去了商机和繁荣。

郑和的大规模远航活动也把中国古代的海洋事业发展推向高峰。他带领船队开辟了亚非的洲际航线，为西方人开启大航海时代打下基础；他还进行了一些海洋考察，搜集和掌握了许多海洋科学数据；促进了亚洲与非洲各国之间的文化交流和贸易交往，对航海区域进行了战略布局，扩大海外交通和贸易范围；沟通和加强了西太平洋及印度洋沿岸各国之间的联系，促进了中华文化的传播，并对世界文明的发展作出了重大的贡献。

早期的探险

第一批船只是什么时候绕过非洲的?

大约在公元前600年的时候，人类完成了第一次环绕非洲的航行，这次航行被视为古希腊时代最伟大的探险旅程之一。今天，我们可以从古希腊著名的历史学家希罗多德（生活在公元前450年前后）残存的手稿中，了解到这次航行的一些信息。这次远航证实了一点：非洲除了与亚洲接壤的部分，其余的部分都被海环绕着。这一发现要归功于埃及法老尼科。他曾经派遣一队腓尼基人驾船出行。这些腓尼基人应当抵达过赫拉克勒斯之柱（直布罗陀海峡），之后途经地中海返回埃及。腓尼基人从红海出发，航行至印度洋。当秋天到来的时候，他们就将船停靠在当时所处位置的海岸边，然后播种庄稼，一直等到收获。在收获庄稼后，腓尼基人又开始了新的航程。他们通过这样的方式，在海上航行了两年的时间。直到第三年，才抵达赫拉克勒斯之柱，之后他们开始返航。据腓尼基人所说，他们在绕非洲航行的时候，看见太阳从右边升起，希罗多德觉得这件事情太不可思议了，简直无法让人相信。当时的希罗多德无法相信的事情，在今天却再清楚不过了。对航海者来说，只有当航行到赤道以

古希腊历史学家希罗多德

腓尼基人是天生的商人和杰出的航海家。他们通过探险旅行，开辟新的土地，比如加那利群岛、马德拉群岛、亚速尔群岛以及新的贸易路线。腓尼基人的殖民地之一就是迦太基（今天的突尼斯）。

亚历山大大帝

亚历山大大帝，是古希腊北部马其顿帝国的国王。公元前 334 年，他率领大军远征亚洲，占领了波斯帝国，并建立了 70 多座城市，势力范围扩大至印度河。他的追随者中有很多学者，他们记录下了征途中所有重大事件。正是这些学者们的努力，才使整个古希腊了解、认识了他们并不熟悉的地区，例如现在的伊朗、阿富汗、巴基斯坦和印度。

古罗马时代马赛克上的亚历山大画像

当时的钱币上亚历山大像

汉诺之旅

大约公元前 470 年，迦太基的航海家汉诺曾率领一支探险队，沿着非洲西海岸航行，这条航线很可能将他带到了几内亚海湾。汉诺在那里看到了一座喷火的神山，根据他的描述，这座山很可能就是法科火山（位于喀麦隆南部）。汉诺此次远航的目的在于建立新的殖民地，这一点从船队规模（船队至少有 5 000 人）就可以反映出来。而我们只是碰巧才了解到这一切的：有关汉诺此次航行的古希腊文手抄本，在经历了迦太基的毁灭之后，侥幸被保存了下来。

南的时候，太阳才会在中午时刻出现在北方。也就是说，对位于赤道以南，正在向西航行的船只来说，太阳处在他们的右侧。这些航海家利用大概 40 米长，带有一个风帆和大约 40 个船桨的木船，沿着海岸线在未知的海域航行超过了 2.7 万千米。在古代，腓尼基人被认为是最好的航海家之一，他们掌握了丰富的航海知识，可能正是由于这个原因，法老尼科才派遣他们来完成此次航行。

最早的航海地图是古希腊人绘制的吗？

古希腊人也是非常出色的航海家和探险家。正是他们最先将自己的探险航程通过旅行游记和航海指南的形式记录下来，而且还将这些内容绘制到了地图上。古希腊人甚至还发现地球是圆的，并尝试计算它的周长。著名诗人荷马撰写的史诗《奥德赛》中有非常精确的航海指南，这些恐怕都得归功于古希腊航海家们的记录。早在公元前 800 年的时候，古希腊人就已经控制了

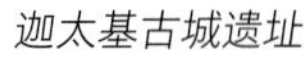

迦太基古城遗址

蓄有胡须的小头像，描绘的是公元前 4 世纪至公元前 3 世纪腓尼基人的追随者

整个地中海区域，而且还建立了100多个殖民地。

大约四个世纪之后，古希腊的航海家和天文学家毕特阿斯进行了一次海上旅行，他甚至到达了挪威的海岸线。原本毕特阿斯只是接受了一名在马赛做生意的古希腊商人的请求，探寻一条前往锡矿之岛（康沃尔半岛）的通商航道。他向法国北部航行，再从那里转向英国。不久毕特阿斯就到达了锡矿产地，之后他继续沿着英国的西海岸线航行，抵达了爱尔兰、赫布里底群岛和奥克尼郡群岛，最后他绕不列颠岛航行了一圈，并把不列颠岛的形状准确地描绘了出来。

此次航行，毕特阿斯并没有按照原定的计划，而是改为继续向北航行。据推测，他应该到达了挪威的特隆赫姆港，以及赫耳果兰岛。

维京人是如何发现美洲的?

中世纪时，在遥远的北欧，维京人以航海和冒险而闻名。875年前后，维京人贡比约恩越过了冰岛，并继续向西航行，最终他看见了岛礁和被冰雪覆盖的陆地。冰岛人“红头发”埃里克（他长着火一样鲜艳的头发，因此有了“红头发”的绰号）在听说这件事情之后，于982年带领32名航海勇士出发，希望能再次找到那片陆地并在那里定居。埃里克环游到了新大陆的最南端，并且在西海岸建立了两个殖民地。他把这片土地称为格陵兰岛（意为“绿色的土地”），希望凭借这个名字能够吸引更多的移民。当时的气候相对现在来说还比较温暖，几年之后，那里的居民已经接近3 000人。

从地理学的角度来看，格陵兰岛是属于北美洲的。因此，“红头发”埃里克就成为第一个发现新大陆的人，比哥伦布发现美洲还要早500年。

维京人为什么放弃了他们的居住地?

维京人甚至登上了美洲大陆。986年前后，一名商人在从冰岛前往格陵兰岛的途中，由于航行出现了偏差，他错误地抵达了西南部一块平坦的、被森林覆盖的陆地。15年后，莱弗·埃里克森带领35名随从从格陵兰岛出发，开始寻找那

现在仿造的维京人航海时乘坐的船只

毕特阿斯的游记

有关毕特阿斯的经历，只有一些支离的文字被保存了下来。但是，后来有作家声称毕特阿斯是个大骗子，并且从没停止过对他的嘲笑。因为毕特阿斯的故事听起来实在是太不可思议了：北方的海面被冰冻住，冰块浮在海面上（毕特阿斯看到的可能是大块的浮冰）；夏天，那里的太阳不会落山；由于月亮引力，海洋每6个小时涨潮或退潮（毕特阿斯观察到的应该是潮汐现象，而这种现象在地中海是不存在的）。这些残存的记录足以证明，毕特阿斯是古希腊最重要的天文学家、地理学家和北极地区的发现者之一。

维京时代的发现：头盔

片陆地。他们首先抵达了贫瘠的赫卢兰（现在的巴芬岛），在向南航行了几天之后，他们看见了被森林覆盖的丘陵和白色的沙滩。他们估计这里便是15年前那名商人来过的那片陆地。继续向南航行，埃里克森陆续发现了贝尔岛和纽芬兰岛。这些来自格陵兰岛北部的人们被茂盛的草原和鱼虾成群的河流惊呆了。埃里克森将这块土地称为“文兰”，意为“葡萄产地”，这很可能是因为他们在当地发现了很多的野生葡萄。

格陵兰岛被认为是一片不适宜居住的土地。从13世纪开始，格陵兰岛的气候越来越寒冷，而且当地的居民不断受到因纽特人（爱斯基摩人）的攻击。15世纪末，最后一个维京人在格陵兰岛去世了。

维京时代的发现：龙头造型的首饰

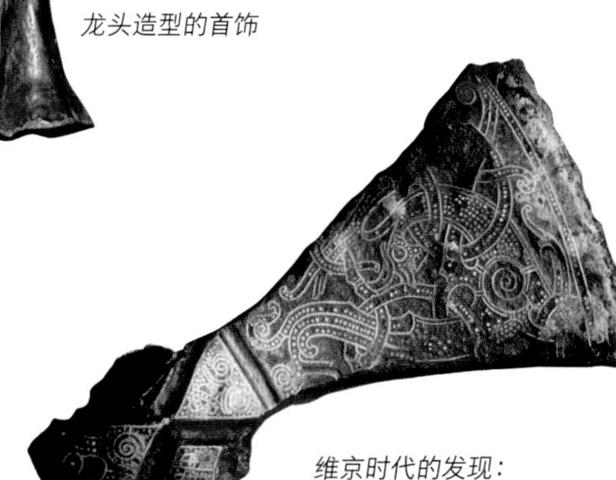

维京时代的发现：战斧的一部分

维京人，又被称为诺曼人，最初居住在斯堪的纳维亚的海边，以放牧、农耕和捕鱼为生。之后由于人口的不断增长，维京人的农业耕地越发紧缺。于是，许多维京人就做了强盗。他们中的一部分移居到法国的西北部、英国的东海岸，还有一部分人移居到西西里岛和比较偏远的冰岛。因为维京人擅长掠夺、突袭，当时整个欧洲的人们谈到维京人时，都会为之色变。

因纽特人正在攻击居住在格陵兰岛上的维京人

波利尼西亚人、中国人、阿拉伯人

中国的远洋帆船

波利尼西亚人

航海探险家中并不是只有欧洲人和腓尼基人。大概从公元前 200 年开始，波利尼西亚人就开始移居到散布在太平洋上的小岛上，这些小岛大概遍及约 5 000 万平方千米的海域——从北部的夏威夷群岛，到东部的复活节岛以及西部的新西兰群岛。波利尼西亚人借助流线型的双体船，在相距数千海里的岛屿之间自由穿梭，频繁往来。他们虽然没有航海仪器，但是凭借对星空和海洋的准确解读，他们很少迷失方向。他们还会制作简易的“地图”：海螺壳表示岛屿，编织物表示环绕在岛屿附近的海浪。除此之外，飞行的海鸟、起伏的波浪、不同形状的云彩，以及夜晚火山的亮光，都可以成为波利尼西亚人辨认方向的参照物。

传统的流线型双体船

波利尼西亚人的“地图”

中国人

当罗马人围绕着地中海建立起一个从西班牙到阿拉伯的庞大帝国时，在遥远的东方，也有一个伟大的国家，孕育着高度发达的文化，这就是中国。中国人同样进行了大量的探险之旅，他们也在地图上不断标示出探险的新发现。中国拥有长长的海岸线，因此，中国人很早就开始探索海洋。他们发明了适合远洋的帆船，以及确定航向的仪器——指南针，并且总结出了一套航海方法。此外，中国人发现指南针有可能会指示错误的方向，这一点他们要比欧洲人早知道 400 多年。

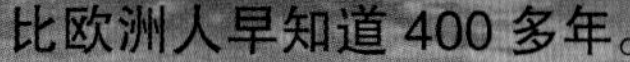

中国早期的指南针——司南

中国人会定期前往朝鲜、印度和爪哇岛，并曾抵达非洲海岸。甚至有证据可以证明，中国人曾经到过中美洲、南美洲和大洋洲。中国人的探险精神不仅表现在海上，他们对陆地的探险也从没停止过。中国人发现了黄河的源头，考察了中国西部的高原和山脉。大约公元前 139 年，汉朝的皇帝曾派遣使者张骞出使西域。张骞跨越了帕米尔高原，抵达了今天的乌兹别克斯坦。

中国人和罗马人曾经往来密切，两个帝国通过丝绸之路进行商贸活动或传播知识文化。可是，沿途的各民族却担心自己的经济利益因此受到损害，所以不断阻碍和干扰两个帝国之间进行更深层次的交流。

阿拉伯人

阿拉伯人也进行了伟大的探险活动。阿拉伯的学者们曾认真研读从古希腊流传下来的典籍，并及时对它们进行了修订。1150 年，在罗格二世（诺曼人的国王）位于西西里岛的王宫里，阿拉伯地理学家伊德里西花了 15 年的时间，收集并整理了当时所有的地理知识。他把这些知识都记录在了一张由银片制成的世界地图和另一本注解书上。直到 18 世纪，伊德里西的总结都一直对人们产生着重要的影响。

1926 年，人们根据一部保存下来的著作，重新绘制了一幅伊德里西的地图。

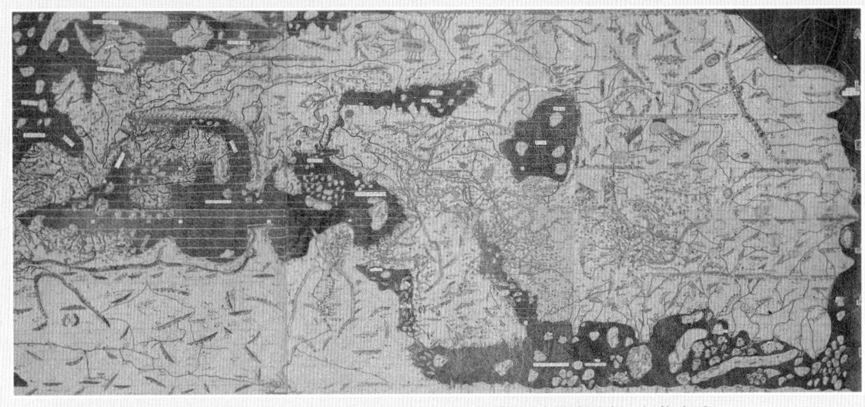

伊德里西的世界地图：为了能更好地辨认方向，这幅地图颠倒了南北方向

伊本·白图泰

阿拉伯最著名的旅行家之一要数伊本·白图泰。1325 年，21 岁的伊本·白图泰从摩洛哥的丹吉尔出发，前往麦加朝圣。到了麦加，白图泰突然有了旅行的兴趣，他没有回到丹吉尔，而是花了 26 年的时间游历了整个伊斯兰地区，从西非一直到印度。白图泰一共跋涉了约 12 万千米，甚至抵达了印度尼西亚和中国。一路上，他花费了很多时间进行研究。白图泰的博学多才让很多统治者对他刮目相看，也给他带来了很高的声望。1353 年，他返回了自己的家乡摩洛哥，当时的统治者下令让白图泰将自己的旅行经历详细记录下来。当时的很多图书馆里都收藏了这本《伊本·白图泰游记》的手抄版。不过，直到 19 世纪，人们才再次发现了《伊本·白图泰游记》的价值，并给予了白图泰很高的评价。

丝绸之路上残存的中世纪旅店（荒漠商途中的旅店）的遗迹

远东的传奇国度

谁是忽必烈?

欧洲中世纪时期，古希腊、古罗马的很大一部分地理知识都遗失了，或者不受人重视。尽管人们依然从中国和印度购买香料、丝绸和其他货物，但是只能通过阿拉伯的中间商。中国高度发达的文化并不为欧洲人所知。直到1240年前后，中国依靠自己的力量，让欧洲人重新认识了它。当时，在中国，成吉思汗领导下的蒙古游牧民族实力不断壮大。蒙古人西征到奥地利，并大破波兰与日耳曼的联军。不过在此之后，由于蒙古帝国内部各方势力对最高统治权的争夺，蒙古不得不停止西征。1259年，成吉思汗的孙子忽必烈，成为蒙古帝国的新首领（大汗）。忽必烈继续征战，最终统一了中国，此时中国的疆域空前辽阔。

马可·波罗和他的父亲、叔父一起从威尼斯出发。这幅图来自中世纪的译本手抄本

马可·波罗是如何抵达中国的?

1266年，忽必烈接见了来自威尼斯的商人尼克罗·波罗和玛菲奥·波罗。他们俩经过漫长和艰辛的旅程，横穿整个亚洲才来到了中国。忽必烈——这位有着良好教养、思想开明的君主，以最高的礼遇接待了他们。这两位意大利人向忽必烈介绍了他们遥远的家乡和他们信仰的基督教。显然，他们的故事非常吸引忽必烈，在他们要离开中国返回意大利的时候，忽必烈委托他们带去自己对教皇的问候，并希望教皇派遣基督教学者来中国访问。波罗兄弟记住了这个嘱托。1271年他们重返东方的时候，陪同他们的还有两位基督教教徒。不过遗憾的是，这两位教徒半途放弃了。波罗兄弟继续前行，经过波斯，跨越帕米尔高原，历时四年终于再次踏上了中国的土地，此次随行的还有尼克罗17岁的儿子——马可·波罗。这次中国之行拉开了所有时代中最激动人心的历险序幕之一。马可·波罗很快就赢得了中国统治者的信任，他受命走访了中国的各个角落，之后又从蒙

有些研究者**质疑，**马可·波罗是否真的到过中国。他们推测，马可·波罗可能只抵达了波斯，关于中国的故事都是从那里的书中看到的。因为马可·波罗对一些很典型的“中国符号”，比如长城和中国的汉字，只字未提。同样，他对中国的描述也比较苍白，并不像真的亲身经历一样。不过，我们也并没有见过《马可·波罗游记》的最原始版本。马可·波罗同时代的一些人虽然也提出过类似的疑问，但这一切都不能削弱他这部著作对激发欧洲人探险意识的重要作用。

长约 8 000 千米的丝绸之路穿越了不同的地区。左图：戈壁荒漠中的山石；右图：中国天山山脉的一处谷地

古到印度，再到苏门答腊岛。直至 24 年之后，马可 · 波罗因为思念家乡才返回威尼斯。

马可 · 波罗的旅行是如何扬名欧洲的?

一次偶然的事件，让欧洲人知道了马可 · 波罗不平凡的中国之行。在威尼斯和热那亚的一次战争中，马可 · 波罗被热那亚人俘获。在监狱里，马可 · 波罗遇见了作家鲁斯蒂谦，并告诉了他自己的奇遇。他们一起合作写出了这本让马可 · 波罗扬名欧洲的游记——《马可 · 波罗游记》。直到那时，人们才第一次了解到了中国——这个传说中的香料、丝绸和瓷器之国。这个庞大帝国的城市里到处是熙攘的人群，人们使用纸制的货币，燃烧黑色的

数百年来，与波罗兄弟一样的商人不断往来于丝绸之路的不同路段。他们来到中国，再将各种商品运回欧洲

煤炭，乘坐巨大的船只，或者漫步于干净的街道上。皇帝在深思熟虑后，制定出一套严谨的国家管理制度，来统治这个帝国。当时中国人的风俗习惯对欧洲人来说是完全陌生的。

欧洲人如何看待马可·波罗的游记?

马可·波罗的中国游记让欧洲人大吃一惊，同时也给他们带来了挑战。欧洲人首先必须承认，无论他们怎么标榜基督教高于一切，这个世界绝对不是只有这样一种生活方式。恰恰相反，基于完全不同的思维方式，这个世界上还存在着另外一种截然不同的精神生活。同时，马可·波罗打开了一扇东方宝藏之窗，透过这扇窗户，人们看见了西方世界无法比拟的繁荣，以及那些只能依靠阿拉伯中间商才能得到的宝藏。

当时的欧洲人认为，世界上一定还有其他可行的方法，让欧洲直接与这个位于远东的强大帝国进行贸易往来。就这样，伴随着马可·波罗的旅行，欧洲探险时代的帷幕被徐徐拉开。在之后的几百年中，欧洲人被那些财富所驱使，不断探寻前往远东的新航路。

航海家海因里希的贡献是什么?

葡萄牙人第一个接受了挑战。葡萄牙的恩里克王子，数十年来一直坚持不懈，努力为葡萄牙开辟去往远东的道路。尽管他从未亲自参加过任何一次探险活动，但后人们还是给予他“航海者”的称号。在恩里克的宫殿里聚集了很多学者、天文学家、绘图员、航海者和制作仪器的匠人。他们研究、分析并且评论所有能够得到的，甚至包括由阿拉伯人撰写的航海游记。除此之外，恩里克还鼓励建造了一种更快、更安全的船只——三桅帆船，并且不断派遣船队出海。当时他下达命令：向南航行，到达非洲的西海岸，直到发现一条能够到达东方的新航线。这在当时来说可谓耗资巨大，类似于我们今天对太空的探索。

航海者恩里克在他的宫殿里召集了很多的学者和绘图员。他不断地派遣船只，沿着非洲的海岸线向南航行，并最终开辟了通往印度的航路

不久之后，恩里克希发现了亚速尔群岛。据我们今天了解到的情况，在此之前的腓尼基人已经对那里很熟悉了。人们对非洲海岸线的认识是循序渐进的。船长们总是心怀恐惧，过早地开始返航，因为传说在热带的南部地区有巨大的海怪，海水会沸腾或者变得黏稠起来，

欧洲航海霸权不光彩的历史由来已久。1502 年，在达·伽马第二次前往印度的途中，他就开始肆无忌惮地使用武器和暴力来达到他的目的。为了报复穆斯林，达·伽马焚烧了一艘刚从麦加朝圣归来的载有妇女和儿童的船只。他的后继者们使用相同的手段，占据了新航线上最重要的据点，使得远东贸易被他们牢牢地掌控在手中。

船只甚至有可能被巨大的漩涡卷入地心。因此，大概过了十几年，葡萄牙人才抵达了喀麦隆。约 2 000 年前的某个夏季，迦太基航海家汉诺仅仅花了几个月的时间就完成了这一段航程。1460 年，恩里克去世了，但之后的葡萄牙人没有停止探险。1488 年，迪亚士绕过了非洲最南端的好望角，从此通向印度的航路变得通畅了。

瓦斯科·达·伽马

瓦斯科·达·伽马是如何抵达印度的？

直到1497年，第一批舰队才离开里斯本（当时欧洲最兴盛的港口之一），按照迪亚士发现的路线前往印度。这次航行的最高指挥官是一名贵族青年，他的名字叫瓦斯科·达·伽马。在 1497 年年末，他率领着自己的舰队沿着非洲的东海岸向北航行。在莫桑比克，他们第一次见识到了印度洋上繁荣的贸易景象：满载黄金、白银、香料、珍珠和红宝石的阿拉伯商船令他们目瞪口呆。不过，阿拉伯人显然对闯入这片海域的基督徒非常恼火，甚至还企图去掠夺商船。尽管如此，达·伽马还是找到了一名领航员，成功地带领他的船队越过印度洋，到达印度海岸。1498 年 5 月，达·伽马抵达了印度的港口城市卡利卡特。

可是，达·伽马和他的船队同样没有受到热烈的欢迎。在这样一个富裕的港口，没有人对葡萄牙人廉价的货物感兴趣。不过，达·伽马还是带回了一些香料和卡利卡特统治者写给葡萄牙国王的一封信。这次航行的回程大概花了一年的时间。达·伽马的返航被视为一次凯旋，他在葡萄牙受到了隆重的接待。达·伽马让恩里克王子的梦想最终成为现实：这个世界上的确存在一条前往印度的海路。

1498 年，葡萄牙人达·伽马的船队绕过了非洲，抵达了印度

东方的宝物：丝绸、瓷器和香料

15 世纪时穿着丝绸衣料的中国官吏

丝绸

很早以前，丝绸就和瓷器一样成为最受西方人欢迎的中国产品之一。早在古希腊、古罗马时代，人们就沿着连接欧亚大陆的著名荒漠商路——丝绸之路，通过中间商频繁地进行贸易往来。丝绸来自一种鳞翅目昆虫——蚕蛾，它的幼虫靠吃桑叶维持生命。蚕蛾幼虫化蛹时，会吐丝将自己包裹起来，直到变成一个茧包。在茧包中，它们逐渐发育为成虫，最后破茧而出。人们为了获得蚕丝，在蚕准备羽化时，将蚕茧放入沸水中煮，然后抽丝剥茧。蚕丝非常牢固。中国人用蚕丝加工制作出非常光滑、轻盈、柔软的衣料。古罗马人愿意用一斤黄金来换取一斤上等的丝绸，这在当时并不是什么令人惊奇的事情。数百年来，对于如何养蚕，如何纺丝，如何印花，如何给丝绸着色等这些工艺，中国人一直守口如瓶。如果有人私自向别国提供桑蚕卵，或者泄露了养蚕或纺丝等重要技术，就会被判处死刑。直到 555 年，几名僧侣偷偷地将桑蚕卵和丝绸纺织工艺传到了西方。

茧包

18 世纪的丝制长袍

瓷器

第一个向欧洲人介绍中国瓷器的人是马可·波罗。中国的这种坚硬、雪亮的器具让欧洲人羡慕不已，爱不释手。早在 7 世纪时，中国的瓷器就已经闻名于世了。人们不断完善瓷器的生产技术，并且改造瓷器的外观，最后逐渐形成了一套不可思议的、高度成熟的加工工艺。当时的中国就已经出现了大型的瓷窑，可以同时生产两万件瓷器。而同一时代的欧洲人还在使用由陶土、金属或者木材制作的粗糙餐具。当第一批瓷

18 世纪时中国的丝绸制造

18 世纪时中国的瓷器手工作坊

瓷器

器运抵欧洲的时候，不仅卖出了奇高的价格，而且在富有的统治阶级中引起了不小的轰动。因此，受到利益的驱动，欧洲的商人们就开始源源不断地从中国进口这种“白色的黄金”。1368 年至 1644 年，中国明朝时期，青花瓷器尤为珍贵。但是中国决不泄露这种瓷器的生产工艺。直到 1708 年，自然科学家车恩豪斯才发现了隐藏在这种瓷器背后的秘密。

香 料

自从欧洲人认识了远东的香料之后，他们一直渴求能获得这些香料，因为这些来自遥远国度的调味品，将欧洲人淡而无味的食物变成了美味的大餐。15 世纪时，胡椒、肉豆蔻、丁香花干、肉桂和生姜的贸易可以带来巨大的利润，于是，一些勇敢的航海者在商人和王侯的经济支持下，出海去寻找一条可以直达这些香料产地的航路。最受欢迎的香料要数胡椒。胡椒的原产地在印度的马拉巴尔。胡椒树上挂着一串串胡椒的浆果，人们通过不同的加工方法，可以把它们制成绿色、黑色或白色的干胡椒籽。肉豆蔻来自香料之岛——马鲁古群岛。它不是一种坚果，而是肉豆蔻树果实中成熟的种仁。用作香料的丁香也来自马鲁古群岛，它是一种干燥的丁香花的蓓蕾，能散发诱人的香气。肉桂是肉桂树干燥的树皮，卷曲成卷，呈浅褐色，原产地在锡兰（今天的斯里兰卡）和中国。生姜是一种源于东亚的姜属灌木植物干燥的根茎。

肉豆蔻

胡椒

丁香

肉桂

生姜

全新的世界

哥伦布为什么要向西航行?

“大概凌晨两点的时候，我们看见了陆地。月光下，一座海岛矗立在前方大约 8 海里的地方。大家降下风帆，然后登上了那些大帆船，之后就躺在甲板上休息，等待黎明的到来。清晨，眼前的海岛逐渐清晰。我在马丁·阿隆索·平松和他的兄弟维森特·雅奈茨·平松，及‘尼娜’号船长的陪同下，登上了一艘有武器装备的小船，前往小岛。当我们踏上这个小岛之后才发现，岛上居然生活着很多土著居民，他们装扮怪异，裸露身体，我把他们称为‘印第安人’。我们从这些土著居民的口中得知，这座小岛名叫‘瓜那哈尼’。随后，我们在小岛上升起了王室的旗帜。”这是 1492 年 10 月 12 日哥伦布日记中的一段文字。正是这一次，他和美洲有了第一次接触，准确地说是和巴哈马群岛的

克里斯托弗·哥伦布

三桅帆船和克拉克帆船

第一批探险船带有三角形的三角帆，十分轻巧，也被称为三桅帆船。随着时间的推移，人们逐渐开始使用四角形的方帆。三桅帆船长约 20 米，和我们现在的一些豪华游艇差不多大小，由于它吃水比较浅，尤其适合探险旅行。后来，一种更大更新的航船出现了，这就是所谓的“克拉克帆船”。哥伦布当时乘坐的旗舰“圣玛丽亚”号，就是一艘“克拉克帆船”，而随行的两艘船则是三桅帆船。

严重的错误

其实哥伦布的计划只是看起来可行，实际并非如此。当时的地理学家，比如佛罗伦萨的托斯堪内里，在很大程度上低估了地球的周长。因此，根据他们的计算，中国和日本大概位于哥伦布发现美洲的地方。他们既没有料到，会有一块新大陆阻挡住他们通往东方的航路，也没有想到，在地球的另一边还有一个巨大的太平洋。假如当时人们能正确地计算出地球周长的话，美洲很可能还要再过很久才能被发现。哥伦布的伟大之处在于，他抛下所有的顾虑和反对之声，毅然出航。

某一个岛屿及其岛上土著居民有了接触。

哥伦布在青年时代并没有受过多少正规教育，而是和他父亲一样，学习了纺织技术。他 14 岁时第一次乘船旅行，从此就对航海产生了浓厚的兴趣。哥伦布如饥似渴地阅读那些关于遥远国度的游记。

哥伦布写信给佛罗伦萨的地理学家保罗 · 托斯堪内里，打听从海上前往中国和印度的最短航路。托斯堪内里通过推算得出，向西航行的海路比绕道非洲的海路要短得多，他把这一结果告诉了哥伦布。在葡萄牙航海家还在探索取道非洲最南端的好望角时，哥伦布就已经决定向西航行，前往中国和印度。

1991 年仿造的哥伦布的船队。航行在船队最前面的是旗舰——“圣玛丽亚”号

哥伦布登上了西印度群岛的瓜那哈尼岛。他没有找到通向印度最近的航线，却发现了一个新大陆

谁资助了哥伦布的航行？

雄心勃勃的哥伦布首先把他的计划呈报给葡萄牙的国王，希望能得到他的资助，可是葡萄牙国王却拒绝了哥伦布。因此，他只好转而求助于西班牙王室，在这里他同样也听到了反对的声音。当时的西班牙正将主要精力投入到与伊比利亚半岛上的摩尔人的最后一战当中。

直到 1492 年，这场战争结束之后，西班牙国王斐迪南才答应了哥伦布的这个请求。国王答应提供远航的船只，并任命他为舰队的最高指挥官以及新发现地的总督，但是他必须将航海所得利润的十分之一上缴。

庆祝哥伦布的凯旋（1839 年的油画）

哥伦布抵达了哪里?

1492 年，三艘搭载了大约 90 名船员的帆船，从西班牙南部的巴洛斯港起锚出海了。这是人类有史以来最著名的远航舰队之一，旗舰是“圣玛丽亚”号，还有两艘轻快帆船“平塔”号和“尼娜”号。在加那利群岛短暂停留之后，9 月 6 日，哥伦布的舰队开始向西航行，横跨大西洋。在广阔的海面上行驶了数天之后，船员们开始躁动不安起来，他们面对陌生的大海，面对未知的一切，心生惧意。哥伦布也十分无奈，只能尽量安抚大家。到了 10 月初的时候，哥伦布自己也迫不及待地希望能够听见“前方有陆地”的呼喊，因为根据他的推算，亚洲应当距离他们不远了。

10 月 7 日，船员们看见了只有陆地上才有的飞鸟群，四天之后，他们终于发现了一座小岛。哥伦布在岛上并没有找到黄金，而是看见了赤裸着身体的土著居民，他自以

对世界的瓜分

在葡萄牙和西班牙开始航海探险后不久，西班牙就向教皇提出，希望教皇能够确保西班牙对新发现地的所有权。1494 年，罗马教皇批准了西班牙和葡萄牙双方签订的瓜分世界的《阿尔卡索瓦斯条约》：西班牙和葡萄牙在佛得角以西大约 1 800 千米（大约西经 46 度）的地方，从南到北划出一条分界线。分界线以西的地区，所有权归西班牙，而葡萄牙的远征考察活动只能在分界线以东进行。根据这个条约，1500 年发现的巴西应当属于葡萄牙。

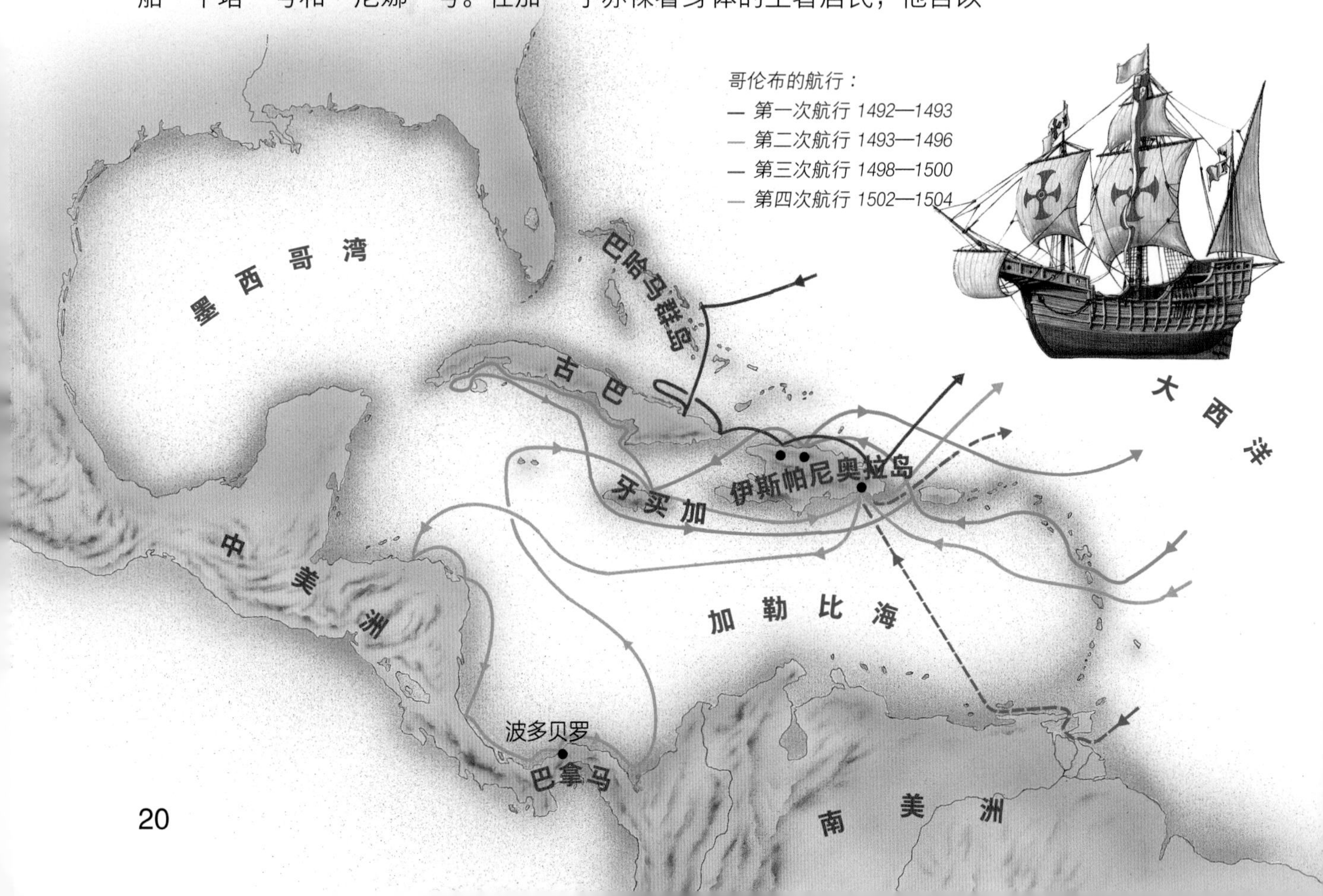

巴 西

巴西是偶然被发现的。1500 年，葡萄牙航海家佩德罗·卡布拉尔率领由 13 条船组成的舰队向印度航行，但被驱赶到了南大西洋。30 天后，他发现了陆地，并认为这块土地应当属于葡萄牙，当时他们看见的就是巴西的北海岸。直到今天，巴西和其他的中美洲和南美洲国家不同，巴西人不说西班牙语，而是使用葡萄牙语。

为是到了东印度群岛，因此他将这些人称为“印度人”（后为与印度人相区别，才译为印第安人）。将这座小岛命名为“圣萨尔瓦多”，并将其纳入西班牙的统治之下。在圣萨尔瓦多停留了两天，哥伦布继续寻找亚洲大陆。后来，他又发现了古巴和伊斯帕尼奥拉岛（海地），并在那里建立了西班牙的第一个殖民地纳维达德。“圣玛丽亚”号在伊斯帕尼奥拉岛不幸触礁搁浅。1493 年 3 月，哥伦布率另两艘船返回了西班牙。

美 洲

1507 年，哥伦布去世一年后，德国地理学家瓦尔德泽米勒出版了一幅新的世界地图。这幅地图很快成为畅销品。新的地图标注了大西洋另一侧新发现的陆地，这一举动引起了轰动。其实，在一本由航海家阿美里戈·韦斯普奇撰写的游记中，阿美里戈考察了南美洲的海岸线，并首次把这块土地认定是一片新大陆。因此，瓦尔德泽米勒将新大陆按照发现者的名字命名为“Amerika”（美洲），并将它标示在了新的地图上。可是不久之后，瓦尔德泽米勒发现，美洲最初的发现者是哥伦布，于是很后悔提出了命名建议。但是美洲“Amerika”这个名字已经深入人心，并传到了美洲大陆的北部地区。

在哥伦布航行的途中发生了什么事情?

尽管哥伦布没有带回黄金和香料，可人们还是为他举行了隆重的欢迎仪式。哥伦布被任命为舰队最高指挥官和“印度”的总督，并受命立即着手准备下一次的探险。这一次，探险队的规模更大，共有 17 艘船和 1 500 名船员。可是这次他没有碰见纳维达德的移民，因为那些移民们惹怒了伊斯帕尼奥拉岛上的土著居民，被当地的土著打死了。尽管如此，哥伦布还是在距此几千米的地方建立了一个新的殖民地——伊莎贝拉。哥伦布发现，这些小岛上依然没有宝藏。直到第三次航行，他才在奥里诺科河的河口第一次看见了南美洲大陆。之后，哥伦布回到了伊斯帕尼奥拉岛，而他的弟弟巴尔托洛梅奥·哥伦布已经放弃了伊莎贝拉，建立了圣多明各城。这里同样也出现了很多与移民相关的问题，甚至涉及刑

哥伦布第三次航行时，在委内瑞拉海岸线附近发现了“珍珠岛”玛格丽塔岛

北美洲壮观的自然景观：大峡谷和加拿大的森林

事犯罪。哥伦布采取了强硬政策，可都无济于事。他的失败经历被传到了西班牙，于是，西班牙国王派遣了一位新总督前往新殖民地取代哥伦布，并将他遣送回西班牙。

几个月后，哥伦布请求西班牙王室让他进行第四次探险航行，西班牙国王答应了他的请求，但前提条件是，哥伦布不能再踏上伊斯帕尼奥拉岛。为了兑现承诺并找到隐藏于群岛背后富有的印度，哥伦布的此次探险只在不同的岛屿之间进行。他没有发现印度，却意外地发现了中美洲。可是，哥伦布依然没有找到宝藏。

探险家杰克·卡地亚

北美洲是如何被开发的?

在之后的几年时间里，西班牙人在美洲为所欲为，不受任何人约束。短短几年，西班牙人对中美洲、南美洲进行了探索，尤其对内陆地区的考察更加深入。这一切都是由于淘金热的驱动，西班牙人希望找寻到传说中盛产黄金的地方。在淘金路上，西班牙人发现了现在北美洲的佛罗里达、密西西比、亚利桑那、大峡谷和加利福尼亚。

在哥伦布进行第三次探险的时候，由热那亚的商人约翰·卡波特（意大利原名为乔尔瓦尼·科博特）率领的探险队，从英国出发，向西航行。卡波特听说了维京人的发现，他推测维京人抵达的可能是亚洲的北部，如果继续向南航行，就可以到达中国。英国的商人们很

野　马

斗志昂扬的战士骑在马背上，这是我们印象中北美印第安人的形象。马是由西班牙殖民者带到美洲的，因为美洲本土马在最近一次冰川期时就灭绝了。欧洲人带来的这些马中，有一些成为了现在印第安野马的祖先。

亨利·哈德逊在 1609 年发现了哈德逊河（根据亨利·哈德逊的名字命名）

支持卡波特的探险活动，并为他的探险队配备了好几次必需品。可惜卡波特每次发现的都是荒凉贫瘠或者长满树木的土地。卡波特根本没有意识到，他发现的就是北美洲。

在这之后，英国和法国的很多航海家们都尝试探寻一条从北部绕过美洲前往亚洲的航路，为此他们记下了每一个海湾、每一个江河入口。而这条航道就是日后的西北通道。

1880 年前后，骑马巡视的印第安人。马在很大程度上改变了印第安人的生活

1535 年，法国人杰克·卡地亚沿圣劳伦斯河航行时，发现了加拿大。他的后继者们沿着密西西比河继续在这片土地上探索，他们还在河口处建立了路易斯安那省。1609 年，荷兰人亨利·哈德逊发现了哈德逊河。1610 年，他又在哈德逊港湾附近，发现了一个毛皮兽聚集的地方。不久之后，荷兰人就在这里建立了殖民地——新阿姆斯特丹，后来发展成为现在的纽约。1793 年，苏格兰人麦肯齐爵士第一个横穿了北美大陆，抵达了太平洋。

亨利·哈德逊

1804 年至 1805 年期间，刚成立不久的美国派出了一支由梅里韦瑟·路易斯和威廉·克拉克率领的探险队，沿密苏里州，穿过内布拉斯加州平原，翻越落基山，最终到达了哥伦比亚河的入海口，抵达了太平洋沿岸。因为当时太平洋上没有任何船只出现，所有人只能按照原路返回。梅里韦瑟·路易斯和威廉·克拉克之所以能成功，必须归功于途中印第安部落的支持。不过，这些印第安人万万没有料到，正是这次探险为后来的侵略者、狩猎人、毛皮商人和移民开辟了一条畅通的道路，让这片土地从此不得安宁，还差一点让印第安人灭绝。

灾难和好处

阿兹特克人和印加人

在美洲，阿兹特克人和印加人建立了庞大的帝国，拥有自己的文化。南美洲的印加人种植马铃薯、蔬菜、玉米和棉花等农作物。他们还饲养一些家畜，例如羊驼、豚鼠和狗。但是他们不知道什么是奶制品，不会使用车辆和轮子。印加人建起了巨大的城市和宏伟的庙宇，还铺设了一个绵延数千千米的道路网。

阿兹特克人当时非常强大，他们统治着墨西哥地区。阿兹特克人建造了阶梯式的金字塔，发明了一种象形文字，还创造了一套以天文观察为基础的历法。

西班牙人为了获得更多的黄金，在美洲四处横行。他们发动战争，侵略阿兹特克帝国和印加帝国，最终导致了这两个帝国的灭亡。西班牙人还强迫印第安人做奴隶，稍有不从就对他们施以酷刑。当时有极少数人反对这种暴行，但西班牙的当权者用谎言去安抚这些人，他们宣称印第安人根本不算真正的人类。

西班牙人攻占印加帝国首都库斯科的情景

疾 病

欧洲殖民者把各种疾病带到了美洲，比如天花、麻疹和伤风，导致当地很多土著居民都染病而亡。欧洲人已经和瘟疫打了很长时间的交道，他们早已对此类疾病产生了抵抗力。但是对于没有任何抵抗力的印第安人来说，一旦患病，等待他们的就只有死亡。在近 100 年的时间里，海地岛上就有数以万计的阿拉瓦克族印第安人死于这些疾病。不久之后，卡汗本印第安人也开始走向灭绝，劳动力匮乏迫使殖民者从非洲引进黑奴。

新产品

对美洲的殖民不仅使西班牙成为欧洲最富有的国家之一，也对整个欧洲产生了深远的影响。

位于秘鲁山中的印加古城马丘比丘的遗迹

西班牙的货船将大量的黄金和白银运回了欧洲。不久之后，他们又将一些农作物运到了欧洲，这些农作物很快在欧洲传播开来，比如玉米、马铃薯、西红柿、香草、菠萝、花生、鳄梨、南瓜，还有一些豆类作物。这一切都要归功于那片新发现的土地。殖民者还从美洲带回了对身体健康有很大危害的烟草。哥伦布就曾对烟草吸食者进行过描述。南美洲的森林中有很多橡胶树和奎宁树，而奎宁多年以来一直是唯一一种可以治疗热带疾病——疟疾的药品。不久之后，美洲出现了很多大种植园，一些经济作物被大量种植，而出产的棉花、烟草等都远销到了欧洲。

植物标本收集者

美洲不仅仅有很多食用性植物，还有很多观赏性植物。因此，大量的植物标本收集者随着探险家涌向了美洲，他们陆陆续续把各种各样的植物带回了欧洲，为温室花园增色不少。其中最受人欢迎的是罕见的兰花，兰花块茎的价值曾一度用黄金来衡量。同样，很多欧洲的植物和动物也被运往了美洲。今天在北美洲天空中飞翔的麻雀和椋鸟，阿根廷大草原上的牛群，都来源于欧洲。

从美洲运到欧洲的产品：兰花、西红柿、棉花、马铃薯、可可豆、玉米、烟草、花生

语　言

现在的很多德语词汇最初都来源于美洲。飓风、风暴、皮筏、玉米、可可豆、巧克力、西红柿和雪茄都是中美洲的词汇。也有很多词汇源于南美洲，例如菠萝、橡胶、美洲豹、羊驼和兀鹰。

梦想之岛

谁第一个环游了地球?

相传在中美洲丛林的另一边，有一片被珍珠覆盖的沙滩，富含贵重金属的河流从这里流入浩瀚的海洋。印第安人的传说给西班牙人指明了探险的方向。1513 年，雄心勃勃的西班牙士兵巴尔博亚和 100 多名全副武装的探险者一同出发，他们穿越了巴拿马地峡的沼泽，经历了一个多月的探险之后，看见了一片广阔、蔚蓝的海洋。

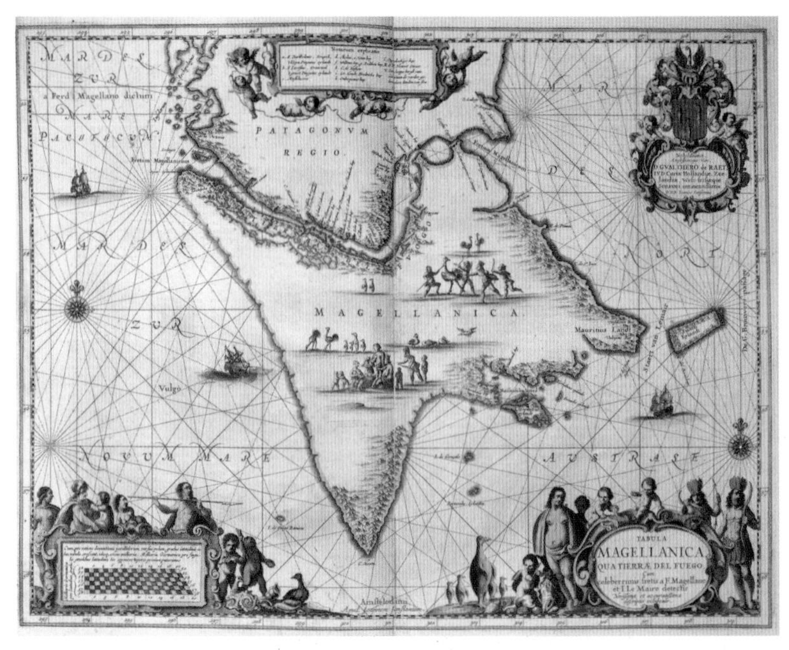

1666 年，一幅地图上的麦哲伦海峡。对航海家来说，他们要冒很大的风险，才能通过这条位于南美大陆和火地岛之间的狭窄通道

葡萄牙人费迪南德 · 麦哲伦向西班牙国王卡尔五世建议，派遣一支探险队，向西南方向进发，绕过美洲，抵达盛产香料的马鲁古群岛。他的建议激起了西班牙人浓厚的兴趣，因为如果探险队能顺利抵达马鲁古群岛，那么西班牙就能拥有这个群岛。

费迪南德 · 麦哲伦

1519 年 9 月，麦哲伦率领由 5 艘船组成的船队，从西班牙的圣卢卡尔出发了。船队穿过加那利群岛，朝巴西前进，途中经过了拉普拉塔河，抵达了巴塔哥尼亚，并在那里度过了冬天。第二年春天，麦哲伦率船队继续出发，他们发现了巴塔哥尼亚和火地岛之间通往“南海”的航道——后人称之为麦哲伦海峡。走出麦哲伦海峡，出现在船队面前的大海是如此的平静、浩瀚，因此，他们给这片海洋取名为“太平洋”。

船队在这片辽阔的海面上航行了三个多月，食物和饮用水都已经消耗尽了。为了活命，船员们开始捕捉甲板上的老鼠，啃食覆盖风帆

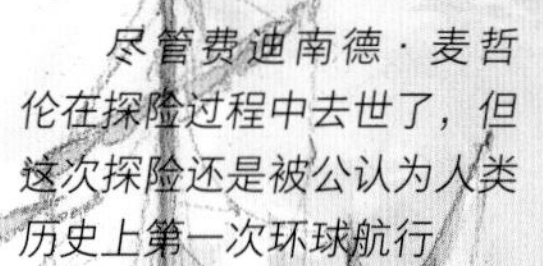

尽管费迪南德 · 麦哲伦在探险过程中去世了，但这次探险还是被公认为人类历史上第一次环球航行

甲板上的暴乱

1520年4月，在圣胡利安海湾，筋疲力尽的船员之间发生冲突，引发了一场暴乱。叛乱者用暴力控制了三艘船。但是，麦哲伦很快扭转了局势，抓获了叛乱者的首领，并将他处决。暴乱平息之后，船队继续航行。

的牛皮。不幸的是，21名船员死于坏血病。不过，他们还是抵达了马里亚纳群岛，补充了新鲜的食物和淡水。麦哲伦并没有继续向马鲁古群岛进发，而是在菲律宾的海岛居民中进行传教活动。遗憾的是，麦哲伦在这次传教活动中被杀害。

最后，船队只剩下一艘“维多利亚”号，搭载着幸存者，历时三年终于返回了西班牙，完成了人类历史上首次环球航行。

还有其他欧洲人向太平洋进发过吗？

西班牙人之后就很少再进行探险航行，航段也只局限于墨西哥的阿卡普尔科和菲律宾的马尼拉之间。尽管之后的西班牙人发现了一些新的岛屿，但它们实在是太小了，以至于后来的航海者们费尽周折，也很难在浩瀚的大海里再次找到这些弹丸之地，就更不用说在这些岛上进行殖民活动了。当时也有一些勇于冒险的航海家，例如英国船长弗朗西斯·德雷克。他于1578年沿

在亚伯拉罕·奥特里乌斯 1570 年绘制的世界地图中，还画出了人们推测出的南大陆——澳大利斯地

着美洲的西海岸航行，一路打劫西班牙满载宝物的商船，之后跨越印度洋返回英国。

与此同时，葡萄牙人也开始在马来群岛活动。他们在 1526 年发现了新几内亚岛，甚至测绘了大洋洲的西北海岸线。可是，他们隐瞒了这些信息。我们是从古代葡萄牙航海地图的法文复制文件中了解到这一切的，而这些资料的原件，很可能在 1755 年里斯本的地震中被毁掉了。

荷兰什么时候成了海上贸易强国?

荷兰的航海家收集了当时西班牙语和葡萄牙语所有的航海资料，以及东亚贸易的地图。在荷兰和西班牙决裂之后，荷兰人就建立起了一支自己的商业船队。1596 年，一个名叫林斯柯顿的荷兰人出版了他的著作《东印度航海旅行记》。林斯柯顿认为，葡萄牙人和西班牙人没有权力将其他民族排除在东印度贸易之外。直到 1602 年前后，荷兰才成立了自己的东印度贸易公司，并继续派遣全副武装的船只进行贸易和探险活动。不久之后，荷兰人将葡萄牙人从香料岛上驱逐了出去。整个 17 世纪，人们可以在所有水域看见荷兰的船只。荷兰人用尽一切手段确保他们对珍贵香料，如对肉豆蔻和丁香花干的垄断。

人们对澳大利斯地有过什么样的期待?

很久以来，其他欧洲国家一直觊觎西班牙、葡萄牙以及荷兰从远洋贸易中获得的巨大利润。尤其是法国和英国强烈要求参与海上贸易活动。没过多久，他们也成立了由皇家支持的东印度贸易公司。那些还不为人所知的南太平洋成为他们最重要的目标。从古希腊以来，人们一直坚信，南边还有一块巨大而富庶的陆地等待着被发现，这就是澳大利斯地。当时的绘图者总会在南太平洋的位置上，将它描绘成一片巨大的陆地。

大洋洲是被荷兰人发现的，有很长一段时间，这块大陆都被称为“新荷兰”。一些荷兰的航海家在 17 世纪时，不断在大洋洲的西海岸和南海岸进行探险活动，并最终抵达了托雷斯海峡、新西兰和塔斯马尼亚。他们第一次看到了一种巨大的“猫”，“猫宝宝”就藏在自己妈妈面前的袋子里，这种被荷兰人误认为是猫的动物就是袋鼠。1770 年，英国将这片大陆纳入了自己的势力范围。早期，英国人将这里作为关押犯人的殖民地。

甲板上的生活

海上的伙食

甲板上的生活是十分乏味的，并不适合那些喜欢热闹的人。船员的食物很单调，而且质量也不好。由于当时还没有罐头或冷冻食品，肉制品只能用盐水浸泡在木桶里。到了午饭时间，船员们就把肉放在简易的炉灶上加热后食用。尽管采取了这样的措施，肉制品还是会很快腐烂，散发出难闻的气味，让人毫无食欲。由于这些肉制品长期浸泡在盐水中，人们食用后非常想喝水。面包也容易生虫，人们吃面包前必须把这些小虫子从面包中轻轻敲出来。有时面包还会发霉发臭，所以船员们主要依靠可以长久保存的饼干和煮熟的豌豆等维持生命。

除此之外，大家还储备了食用油、奶酪、鱼干、熏肉、洋葱和酸菜等。每次靠岸，船员们都必须补充新鲜的饮用水、水果、蔬菜以及木柴。

饮用水

在船上，人们用大木桶来储存饮用水。如果航行太久或者在海上长时间滞留，那么船上储备的淡水可能会不够用。在这种情况下，船员们就要合理地使用有限的水资源。尽管四周都是水，但是却不能饮用，因为海水含盐量较高，如果人体摄入大量的海水，反而会脱水而死。船上储存的水源也会变质。大概经过一周的时间，水里长出的藻类就会携带着一些腐烂物质沉到木桶的底部，这样一来水反而变得透明了。出海远航时，船上一般会携带大量的酒精饮料，因为酒精饮料更容易存放。地中海的海员们一般会选择葡萄酒，而北方的海员们更喜欢啤酒。

坏血病

单调的饮食导致人体缺乏重要的营养物质，很多船员因此患上了坏血病。患病后，人的手、脚会开始肿胀，牙龈开始流血，最后导致牙齿脱落。患者的伤口没有办法愈合，通常还会感到全身无力。如果长时间在海上航行，船员们很可能就会死于坏血病。葡萄牙人达·伽马发现了通往印度的航路，然而在返航途中，坏血病的肆虐，使他失去了超过三分之一的船员。直到 1750 年，英国医生詹姆斯·林德才发现，坏血病是缺乏新鲜的水果引起的。今天我们知道，坏血病其实是缺乏维生素 C 引起的。英国探险家詹姆斯·库克应该是第一个听取林德意见的航海家。他在航行中携带大量的酸菜和洋葱，尽可能地补充新鲜的水果，并监督船员们定期食用这些东西。事实证明，库克的做法是有效的，他的船员没有一个死于坏血病。

现在仿造的“金鹿”号，英国人德雷克曾用这条船来掠夺西班牙的运宝船

为什么自然科学家也会参与探险？

17世纪末，欧洲开启了一个新的时代——启蒙运动的时代。那时候，博学多才的学者随处可见。1666年前后，伦敦成立了英国皇家学会。几乎在同一时间，法国成立了法国科学院。这些学者们致力于科学研究，探索地球，并对探险旅行产生了重大的影响。探险旅行从那时起逐渐成为正规的科研探险。人们想更深入地了解新发现地区的动物和植物，了解那里的天气、矿藏以及当地居民的生活习惯和风俗等。他们想知道，那些原住民是不是真的像法国哲学家卢梭所说的那样，还生活在人类最初的美好状态下。18世纪，大型的探险活动大多会有天文学家和自然科学家参与。在人们能够大致确定那些陌生海岸线的方位之后，他们就产生了精确丈量地球的愿望。

詹姆斯·库克在南太平洋发现了什么？

不久之后，英国和法国就在南太平洋展开了一场竞赛。英国航海家詹姆斯·库克是那个时代最成功，也最著名的探险家之一。他不仅是一位出色的绘图员，而且对科学有着浓厚的兴趣。1768年，库克率领着一队学者，乘坐远航船“努力”号前往南太平洋，他们在充满田园风光的塔希提岛上，观测了神奇的金星凌日现象。科学家们希望利用这些数据能更准确地确定太阳和地球之间的距离。之后，库克决定前往传说中的南大陆澳大利斯地。库克和塔希提岛上的居民成为朋友。当他再次出航时，岛上的祭司图帕伊亚也一同随行，并担当翻译和领航员。图帕伊亚甚至仅凭记忆就为库克绘制出了一幅包括70座岛屿的地图。尽管库克向南航行了6周，但他始终没有看见任何陆地。于是，他改为向西航行，希望能到达荷兰人塔斯曼一个世纪前发现的新西

查理·罗伯特·达尔文

当时年仅22岁的英国自然科学家达尔文，进行了一次历史上影响最为深远的探险。1831年至1836年间，达尔文乘“贝格尔”号考察船，先沿南美洲的海岸线前往加拉帕戈斯群岛，之后穿过太平洋的岛屿，抵达澳大利亚，接着经过开普敦，最后返回英国。正是由于这次环球航行，达尔文才创立了生物学的重要学说——进化论学说。

亚历山大·冯·洪堡

亚历山大·冯·洪堡是世界最著名的自然科学家和探险家之一。这位出生于柏林的科学家花费了5年时间穿越了中美洲和南美洲，研究了当地的人类、动物和植物，并对航行区域的地理情况进行了考察，最后建立了很多科学的分支学科。有1000多个地理学名词都是按照他的名字命名的。洪堡还发现，亚马孙河和奥里诺科河是有关联的。在攀登钦博拉索山（海拔6310米）时，他还创造了当时的最高登山世界纪录。

库克第一次航行中的航船“努力”号停泊在塔希提岛边

詹姆斯·库克

库克在航行途中每发现一个新地方，就会绘制新发现地的地图。他总是携带很多的科学家、画家、绘图者一同出海，这些学者研究那些陌生的生命，将人类、动物、植物和自然景观画下来。因此，库克的航行还有着非常重要的科学价值。

兰，途中，库克仔细考察了北部和南部的岛屿，最终抵达了澳大利亚的东海岸。他停靠在一个巨大的海湾附近，这里植物丰富，因此被称为“园林湾”。不久之后，英国人就在此建立了关押犯人的殖民地，后发展成为今天的悉尼。库克沿着海岸线北行，抵达了位于澳大利亚和新几内亚之间的托雷斯海峡。托雷斯海峡布满了珊瑚暗礁，“努力”号必须小心翼翼地在这些暗礁中航行。尽管如此，“努力”号还是触礁了，船员们花了很大力气才把它修补好。

库克继续沿着海岸线航行，抵达了约克角半岛。由于“努力”号必须彻底检修，它只能前往这块区域中唯一能停靠的地点：荷兰港口巴达维亚（今天的雅加达）。在巴达维亚发生了一件很不幸的事情。先前由于库克的谨慎，船上还没有人员伤亡。但在巴达维亚，却有18名船员死于痢疾。痢疾是一种由细菌引发的肠道疾病，而在当时这种疾病是无法医治的。尽管如此，“努力”号最终还是成功地抵达了英国，并受到了人们的热烈欢迎。

为什么说库克为航海事业做出了重大贡献?

在返回英国的一年之后，库克率领两艘船——“决心”号和“冒险”号

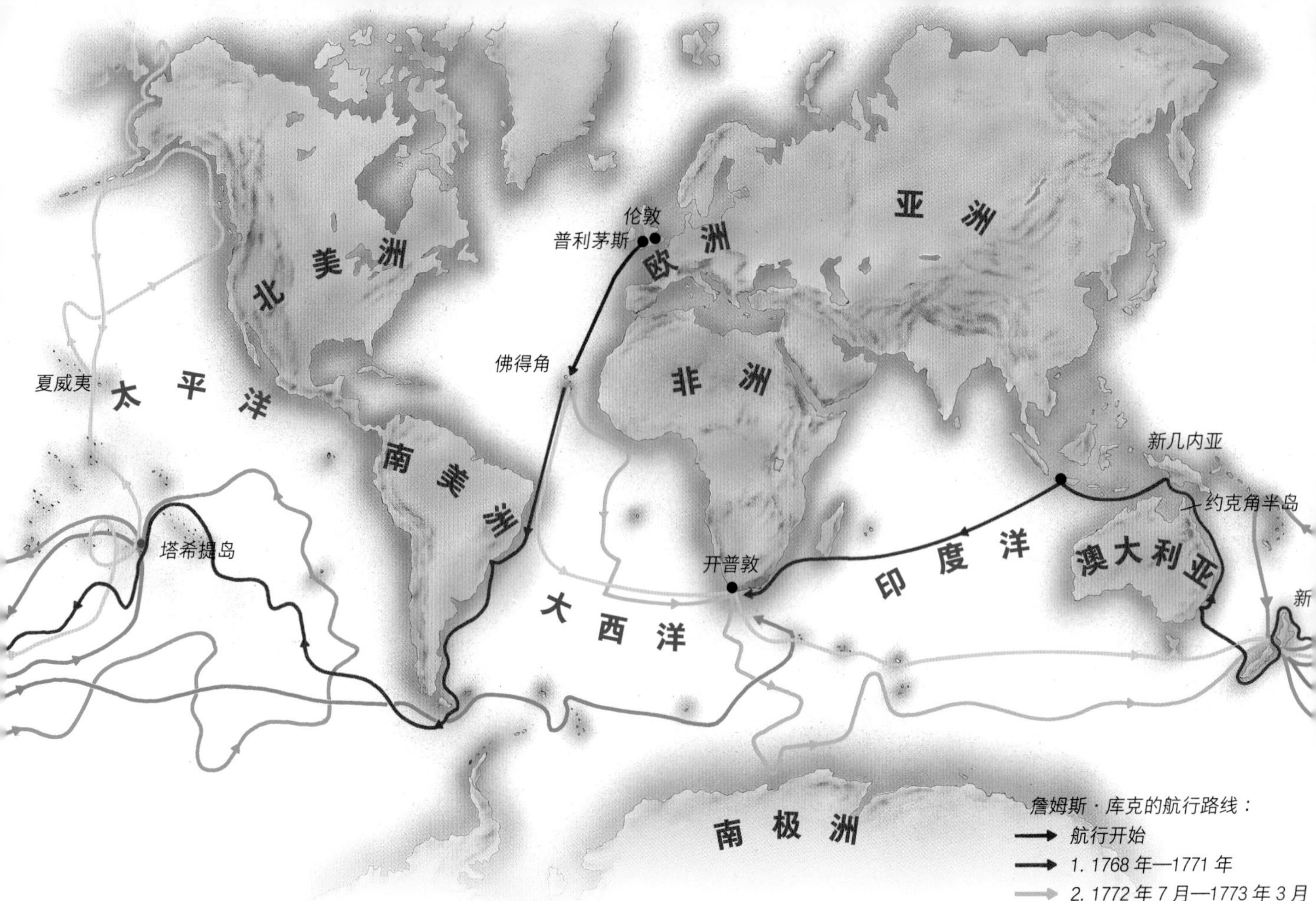

又再次出航了。库克尽可能地向南环绕地球航行，他一直沿着冰层的边界线前进，可这一切都是徒劳的：这里并不存在一块有人类居住的南大陆。有好几个月，他们一直穿行在南太平洋上，光顾一个又一个的小岛。但有一件事引起了库克的注意，这些不同岛屿上的居民使用的语言非常相似。这意味着，所有的波利尼西亚人很可能有着共同的祖先。

1775 年，第二次探险结束，库克返回英国，并被提拔为舰长。库克本来考虑过退休，但海军部还是再次派遣他出海，希望他能搜寻到传说中北大西洋和太平洋之间的西北通道。库克首先考察了太平洋南部的一些群岛，然后转向北方，并于 1778 年发现了三明治岛（今天的夏威夷）。接下来的几个月里，库克沿着美洲西北海岸线继续前行，他甚至抵达了阿拉斯加，可是他始终都没有找到这样一条通道，他只好返回了三明治岛。在三明治岛上，他们与当地土著居民发生了一次严重的冲突，库克不幸身亡。对库克这样一位航海家来说，这样的死亡实在令人遗憾。他和大部分探险者不一样，他非常理解南太平洋群岛上土著居民的风俗和习惯，

造访的后果

对南太平洋的居民来说，欧洲探险者的到来就是一场灾难。他们的家园被这些欧洲人当成了殖民地。欧洲人还带来了致命的疾病。很多原住民成为欧洲人带来的酒精饮料下的牺牲品。岛屿上的矿藏被掠夺霸占，很多地方的自然环境遭到破坏。

新西兰毛利人用鲨鱼牙齿制作的刀具，库克在第一次的航行中就一直带着它

植物区系和动物区系

探险之旅带来了不可预测的生态后果。欧洲的老鼠、猫和狗让当地很多动物灭绝了。而欧洲的杂草遍布在当地的植物周围。在澳大利亚，蒲公英就和当地的兔子一样普遍。欧洲的家畜也被运到了大洋洲。在澳大利亚和新西兰的草地上到处都是吃草的羊群。

詹姆斯·库克

尽管这些风俗习惯与欧洲的标准大相径庭；他还能设身处地地为当地人着想，并且充分尊重他们的宗教礼仪。

库克为航海事业做出了重大贡献。南太平洋这片之前完全不为人所知的海域，在库克的三次航行之后，几乎被人们了解得一清二楚。后继者们也只是在此基础上，进行了一些细节内容的补充而已。

库克与三明治岛原住民发生严重的冲突

导航——海面定位

使用直角器标杆测量角度（1530 年左右的木刻）

推算航行法

15 世纪时，当航海家们无法确定航向，又看不到海岸线时，他们就经常利用所谓的推算航行法来定位。他们会大致估算一下已经航行的路程，并考虑由风力和潮水而造成的偏航情况，然后重新确定船只的航行方向。当时，人们还没有掌握可以用来确定地理位置的测量仪器。

指南针

哥伦布在穿越大西洋时，使用了推算航行法，还利用了在 12 世纪传入欧洲，并被广泛使用的指南针。之前，人们为了确定方向，总是依靠夜空里的北极星，但是这种方法只在天气晴好时才适用。自从有了从中国传入的指南针，人们就可以在任何天气情况下确定方向。哥伦布在第一次航行中有一个重大发现，这个发现对于航海来说意义重大。他发现，指南针的指针并不总是指向北方北极星的方向。在地球的某些地方，指南针会出现一些偏差。哥伦布无法对这个现象进行解释。但今天我们知道，指南针的指针是指向磁极的。磁极距离地理位置上的极点还有数千千米，另外磁极还会不断地移动。现代的航海图都会标注出磁偏角。

航速仪

大概从 1600 年起，人们开始通过航速仪来计算船只的航行速度。航速仪就是一根绳子加一块木板，绳子上用节做出标示。船只航行得越快，在由沙漏计量的一定时间内，就会有更多的节被抛出甲板。这就是我们今天航行速度单位“节”（每小时的航行海里数）的来历。人们每天都会在航海日志中记录好几次测量的结果、航行方向和天气数据。

纬 度

相对而言，地理纬度是比较好确定的，人们只需要确定北极星或者正午太阳和海平面的夹角就可以了。在不停晃动的船甲板上使用等高仪、四分仪或直角器标杆，只能获得不太准确的数据。

直到1750年前后，人们对四分仪进行了改进，才有了能更加精确地测量纬度的六分仪。

1587年，墨卡托绘制的世界地图

经 度

为了能确定地理经度，人们需要一支非常准确的钟表，因为经度反映的是时间差，太阳在船只所在位置达到最高点与它在参照地（今天人们选取的参照地是伦敦附近的格林尼治经度0°）所在位置达到最高点的时间差。很长时间以来，人们都没有这样精确的钟表。因此，船员们大多使用这样的小窍门：他们向北或者向南航行到与目的地港口相同的纬度线上，然后准确地向西或者向东航行。

直到18世纪，这种情况才发生了改变。1714年，英国议会悬赏征求可以准确测量经度的方法。木匠约翰·哈里森在经过数十年的研究之后，制造出了一支走时十分准确的钟表，并因此获得了英国议会的赏金。这样，从18世纪中期开始，航海家们就可以在探险时使用走时准确的计时器了。

使用等高仪的天文学家（1250年前后的手抄本插图）

地 图

地图同样是导航必不可少的辅助工具。世界上最古老的地图是在古希腊人的设想中诞生的，这些地图甚至体现了绘图者丰富的想象力。直到13世纪，人们才在羊皮纸上绘制出了严格意义上的地图。人们在地图上只是简单地描绘出了海岸线、海峡、港口、海湾和一些能够用来确定方向的路线。

16世纪初，地图绘制者们研究了当时的游记和船员们的航海日志，之后在地图和航海图上标注了海岛的位置和面貌，以及海岸线的走向。

随着航海事业的不断进步，地图也日趋精确和完善。当时有一位重要的绘图员——格哈德·墨卡托，他发明了直到今天还为人们所广泛使用的墨卡托投影地图，对航海者来说，这样的平面地图尤为实用，他们只需要在出发港口和抵达港口之间画出一条直线就能明确航行的方向了。

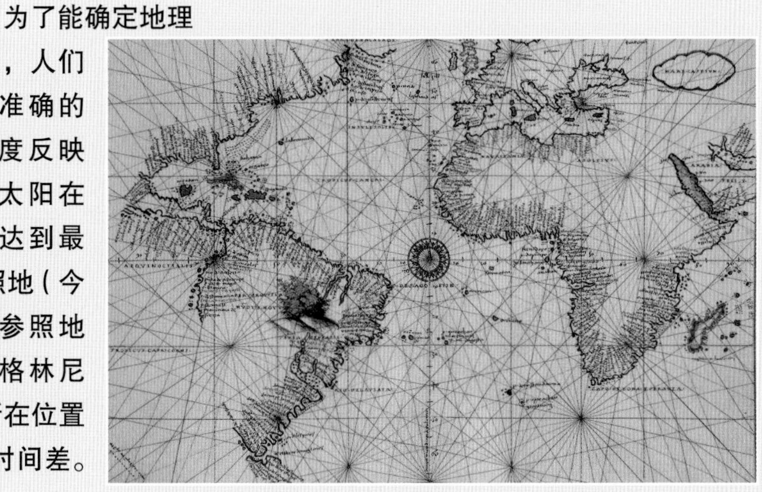

16世纪时意大利人绘制的地图

深色的大陆

为什么长期以来非洲内陆都不为人所知？

对欧洲人来说，非洲大陆长期以来都是一片神秘陌生的土地，他们只知道这片土地上有危机四伏的原始森林、干旱缺水的沙漠和野蛮的原住民。这让人们对非洲内陆望而却步。千百年来，北非一直是穆斯林的居住区，他们依靠黄金、象牙和奴隶贸易来获利，并且不许基督徒进入他们的领地。但只有一个国家例外——埃塞俄比亚。埃塞俄比亚人从公元4世纪开始就信仰基督教，只不过阿拉伯人割断了他们和欧洲的联系。当葡萄牙人环绕非洲抵达埃塞俄比亚时，他们迅速与当地的统治者建立了联系。16世纪到17世纪，葡萄牙天主教传教士一直在埃塞俄比亚的很多地区传教，直到最后被阿拉伯人驱逐出非洲。

1652年，荷兰人在好望角建立了一个殖民地，并对海角的部分区域进行了探察。当时欧洲人是通过进行奴隶贸易去了解非洲内陆的，这真是个独特的视角。

来自非洲科特迪瓦共和国的木制面具

欧洲人为什么需要奴隶？

奴役大量的非洲人，是欧洲探险史上最黑暗、最不光彩的一页。当时欧洲在美洲有很多殖民地，而这些殖民地需要大量的、能够忍受热带气候的劳动力。所以欧洲人用货物去交换黑奴，或者从当地酋长那里购买奴隶，这样，酋长们就能弄到进行部落战争所需的金钱。随着欧洲人对黑奴的需求不断上升，甚至出现了这样的情况：配备武器的当地贩奴者，经常袭击村落，到处抓人。

欧洲人对非洲的好奇心越来越大：尼罗河的源头在哪里？刚果河和赞比西河起源于什么地方？神秘的尼日尔河是什么样的？这条河横穿了北非的大部分沙漠地区，它的源头、流向和入海口在哪里？尼日尔河和尼罗河有关联吗？当时的黑奴贸易恰好给欧洲人提供了一个机会，使他们终于能够探寻非洲内陆了。

奴隶贸易

奴隶们被铁链捆绑在一起，之后被运往北美洲的种植园。这样，跨越大西洋的三角贸易就产生了。奴隶从非洲被运往美洲，殖民地的产品从美洲输出到欧洲，工业品则从欧洲出口到非洲和美洲。当时，奴隶贸易是经济的重要基础，大量的船只不停地运送着这些“黑金”。奴隶们的生活条件非常恶劣，直到19世纪末，欧洲人依然对这一切视而不见。

18世纪末，受启蒙运动的影响，一些欧洲国家开始质疑，并从道德上谴责卑鄙、无耻的奴隶贸易。1807年英国禁止了奴隶贸易，并且下令逮捕贩卖奴隶的人。

殖民时期的图片：1912年的一次出游途中，当地人为法国传教士当车夫

欧洲人想让非洲人成为新教教徒，为了达到这个目的，他们就必须建立传教点，并对非洲大陆进行考察。但是，非洲的地理状况并不适合进行这样的活动。在美洲，人们可以沿着宽阔的河流乘船进入内部地区。但非洲大部分是高原，而且内陆和海岸线有较大的海拔高度差，河口位置也由于沙洲而无法通航。另外，瀑布和湍流也阻碍着人们乘船向非洲内陆进发。

欧洲人进行了几个世纪的奴隶贸易，给非洲所有的民族都带来了毁灭性的灾难

尼日尔河河畔

谁探明了尼日尔河的流向?

1795 年，苏格兰探险者蒙格·帕克受伦敦“非洲学会”委托，对尼日尔河进行考察。他从冈比亚的河口出发，骑马穿过了整片土地。整个旅途中，帕克屡次遭到袭击和抢劫，可他最终还是和一队难民成功抵达了尼日尔河上游的贸易城市塞古。在他返回苏格兰之前，帕克又从塞古出发，花了几个月的时间对尼日尔河进行了考察。十年之后，帕克开始了他的第二次探险之旅。他抵达尼日尔河时已经筋疲力尽了，更糟糕的是，他的大部分队员都死于疟疾和痢疾。帕克决定继续前进，他带领着剩下的队员乘船进入桑桑丁河段，并顺流而下。由于河流的水位低，小船经常触到岩石，而且他们还经常遭到当地土著人的袭击。帕克的探险队最后很可能就是因此而全军覆没了。

蒙格·帕克

在这之后，有好几位探险家横穿了撒哈拉大沙漠。1823 年前后，英国人克拉珀顿和德纳姆发现了乍得湖。1830 年，英国人理查德和约翰·兰德尔沿着帕克的足迹

在大多数情况下，探险家们都会雇用当地人为自己背行李，因为他们身体强健，而且熟悉地形

德国探险家海因里希·巴尔特的沙漠考察队进入了廷巴克图城——一座外国人几乎不曾涉足的城市

尼罗河探险家

公元 61 年，古罗马皇帝尼禄下令军团去寻找尼罗河的源头，他们抵达了苏丹的南部。几年之后，古希腊商人第欧根尼从非洲的东海岸出发，深入内陆，并发现了两个巨大的湖泊，以及一座被白雪覆盖的山脉。古希腊地理学家托勒密在公元 150 年前后援引了第欧根尼的发现，将这座山称为“月亮山”。尽管托勒密的叙述还存在一些不准确的地方，但总体而言，他的描述却大致准确。

继续在尼日尔河进行探险活动，并验证了尼日尔河在几内亚湾流入大海。1850 年至 1855 年间，德国人海因里希·巴尔特对的黎波里和廷巴克图之间的区域，以及尼日尔河的中段进行了科学严谨的探险考察。

谁发现了尼罗河的源头？

从古时候起，尼罗河的源头一直是个谜团，人们为了寻找尼罗河的源头可谓绞尽脑汁。早秋时节，当其他河流的水位都很低的时候，尼罗河却恰恰能够漫过两岸。尼罗河分为青尼罗河和白尼罗河，这两条河流因河中淤泥的颜色而得名。它们在苏丹首都喀土穆交汇，然后一路向北奔流。大约在 1770 年，苏格兰人詹姆斯·布鲁斯沿着青尼罗河前进，一直抵达了它位于埃塞俄比亚高原的源头。然而白尼罗河的源头才是尼罗河地理意义上的源头。千百年来，人们一直在寻找白尼罗河的源头。但苏丹南部充满蚊虫和鳄鱼的大沼泽——苏德沼泽阻挡了人们逆流而上的航路。

正是由于尼罗河，埃及才能如此富庶

1848 年，两名德国的传教士发现了白雪覆盖的乞力马扎罗山和肯尼亚山，并得知在非洲大陆的内部还存在着两个巨大的湖泊。他们将这个发现通知了伦敦地理学会。几年之后，伦敦地理学会派出了两名探险者理查德·伯顿和约翰·斯皮克去探访这片土地。在几个月的艰苦行程中，他们的驮畜接连死亡，雇用的搬运工也弃他们于不顾，最后伯顿和斯皮克身患重病。1858 年，他们终于发现了坦噶尼喀湖。斯皮克独自一人继续前行，找到了另一个湖泊。这个湖泊非常巨大，

约翰·斯皮克将他的探险经历都记录在他的日记里

萨缪尔·贝克在非洲骑马前进

以至于他无法看见对岸。斯皮克根据英国女王维多利亚的名字把这个湖泊命名为“维多利亚湖”，他还大胆推测尼罗河就发源于此。1862年，斯皮克第二次探险时，发现了卡盖拉河。卡盖拉河是尼罗河的主要支流，它源于卢旺达和布隆迪的鲁文佐里山。

今天，人们认为卡盖拉河是尼罗河的源头。同年，英国人萨缪尔·贝克和他的夫人弗罗伦斯沿着位于苏丹刚多卡洛的圣河逆流而上，并于1863年发现了阿尔伯特湖，并最终证实了尼罗河是从维多利亚湖流出的。

理查德·伯顿

利文斯顿是如何穿越非洲的?

19世纪的非洲探险家们明确表示，坚决反对奴隶贸易。他们真实

大卫·利文斯顿

大卫·利文斯顿被公认为最著名的非洲探险家之一。他的探险器具和记录都被保存在伦敦地理学会。

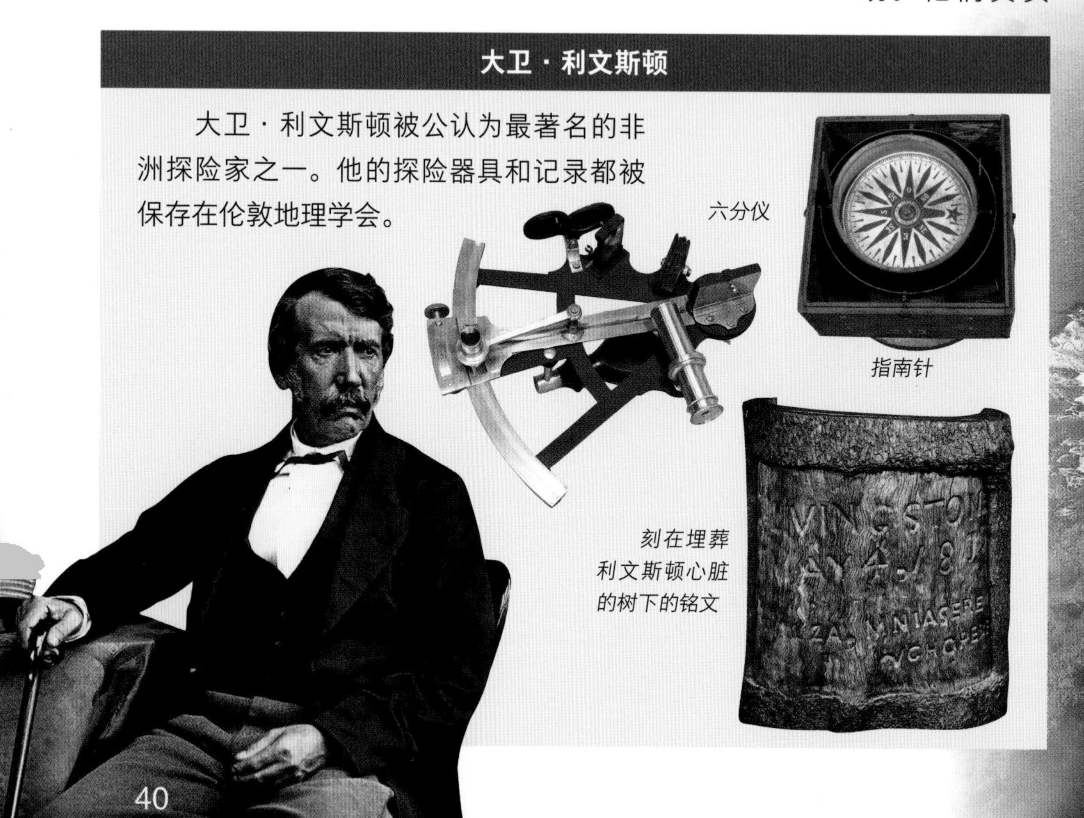

六分仪

指南针

刻在埋葬利文斯顿心脏的树下的铭文

对非洲的探索：

- 帕克 1795–1797
- 巴比特 1850–1855
- 伯顿和斯皮克 1857–1858
- 斯坦利 1871–1872
- 斯坦利 1874–1877
- 利文斯顿 1849–1851
- 利文斯顿 1854–1856
- 利文斯顿 1858–1864
- 利文斯顿 1866–1871

命　名

探险者都喜欢为他们发现的河流、山脉、湖泊命名。大多数情况下，他们会借此来向统治者或探险队的成员致敬，或者以此来怀念他们的家乡。其实当地人早已对这些河流、山脉和湖泊有过命名，但是探险者们极少顾及这些。利文斯顿将赞比亚的瀑布命名为“维多利亚大瀑布”，而当地人称其为“莫西奥图尼亚”(意思是雷鸣般的雨雾)。

莫桑比克约 110 米高的维多利亚瀑布是利文斯顿发现的，现在这里是一个旅游胜地，每年吸引着无数的游客

的报道，让全世界的人都了解到奴隶贩子抓捕以及贩卖奴隶的残暴行径。尽管这些探险家们为取消人口交易做出了贡献，但他们还是经常和贩奴的商队保持联系，其目的是为了安全地穿越这片大陆。连著名的探险者、医生、传教士大卫·利文斯顿博士也是采取这种方式才顺利地穿越了非洲大陆。利文斯顿花了 33 年的时间，完成了对非洲南部和东部的探险。

1840 年，利文斯顿被伦敦的传教会派往南非，他尝试在接下来的几年时间内，建立起一系列的传教点，可是并没有成功，因而他转向探索这片神秘的土地。利文斯顿对水路探索抱有很大的期待，他希望可以通过这种方式扩大英国贸易的影响，并达到传播基督教和消除奴隶贸易的目的。

利文斯顿为什么会失踪?

尽管接连受到疟疾等疾病的袭击，利文斯顿还是继续探索和测绘赞比西河。他将这条河称为“神的水道”，并发现了连接印度洋和中央高原的通道。利文斯顿还发现了约 110 米高的维多利亚瀑布，他很

电影场景：美国人亨利·斯坦利在搜寻了几个月之后，发现了一度下落不明的非洲探险者大卫·利文斯顿博士

可能是第一个穿越非洲大陆的欧洲人。他返回伦敦之后，受到了人们热烈的欢迎。在一次由政府资助的探险旅行中，利文斯顿决定乘坐蒸汽船从赞比西河的河口出发，探索完整的赞比西河。利文斯顿在第一次赞比西河探险中发现了一条近道，这导致他对长达约 64 千米的柯维布哈巴萨湍流一无所知，而正是这条湍流使得利文斯顿的第二次探险以失败告终。

利文斯顿的第三次探险是前往卢阿拉巴河，也就是刚果河的水源地。途中，利文斯顿患了重病。以往他都会很勤奋地写信，但是从那以后，人们就再没有听到他的任何消息了。

斯坦利为什么要寻找利文斯顿？

1868 年以后，人们开始担忧利文斯顿起来。美国《纽约先驱论坛报》的出版商戈登·本纳特派遣了记者亨利·莫顿·斯坦利前往非洲寻找利文斯顿。1871 年，斯坦利到达了赞比西河，组建了一支探险队，开始搜寻利文斯顿。在坦噶尼喀湖，他终于找到了利文斯顿，并问候了他：“我想您就是利文斯顿博士？”这句话后来闻名于世。几个月之后，斯坦利返回了英国，而利文斯顿则继续着他的探险活动。不久，利文斯顿就去世了，当地的同伴取出了他的心脏，并将其埋葬在一棵树下。他们保存了利文斯顿的遗体，并将遗体和所有珍贵的探险纪录送往了桑给巴尔，之后被运回了伦敦的威斯敏斯特教堂。

斯坦利开始喜欢上了非洲探险活动。1874 年，他带领着一个庞大的探险队返回了坦噶尼喀湖，并乘船环绕了维多利亚湖。之后，斯坦利花费了数年的时间，为比利时国王利奥波德二世探索刚果地区。

现在，我们只能去佩服那些历尽千辛万苦完成探险之旅的探险家们。他们战胜了湍急的河流和咆哮的激流，穿越了烈日炙烤下的沙漠，征服了潮湿闷热的原始森林，抵挡住了毒箭、毒虫以及猛兽的袭击，克服了糟糕的饮食、身体的不适以及缺水带来的困难。他们打开了非洲大陆的大门，确定了欧洲在非洲的统治地位，但是也开启了殖民主义和剥削黑奴的时代。

亨利·莫顿·斯坦利

斯坦利出生于英国威尔士，原名叫约翰·罗兰。作为非洲探险家，斯坦利的名气很大，因为他的探险旅程总是充满了暴力和血腥——他经常对当地的土著施以暴行。从 1880 年起，他采用粗暴的手段为比利时国王利奥波德二世夺取了刚果地区的控制权。之后，斯坦利尽情地剥削着这片土地。

斯坦利的探险装备

从过去到现在，探险者们都是乘着狗拉着的雪橇前往两极的冰雪之地

冰雪世界

是什么吸引了第一批探险者前往北极？

自古以来，北极地区就被认为是寒冷、荒凉、难以通行和不适宜生存的地方。尽管如此，从16世纪开始，总有航船不断地驶往北极，其中大部分的船只是为了猎捕鲸和海豹。这些捕猎者在挪威北部、斯匹茨卑尔根岛和格陵兰岛的广大地区进行捕猎。

17世纪时，夏天的斯匹茨卑尔根岛海岸总会聚集很多来自法国、荷兰、英国、丹麦和德国的船只。没过多久，这片海域的鲸就被捕杀殆尽了。

对西北通道或者东北通道的探寻，也驱使无数的航海家来到北极地区。在地球的另一边，人们已经发现了绕道非洲或者美洲前往印度的航路。如果能在北方再发现一条航路的话，那么以后前往印度岂不就不必绕道南半球了吗？

几个世纪以来，这个梦想一直激励着英国和荷兰的航海家们。尽管他们在航行中发现了加拿大北极群岛，可是始终没有人能够发现一条连接北大西洋和太平洋的新航路。此外，还有很多航船在冰雪中下落不明。

为什么很多极地探险都以失败告终？

极地地区异常寒冷，这对帆船的航行尤其不利，甲板上的一切都被冰雪覆盖，风帆、桅杆和绳索被牢牢地冻住了，船员们无法升帆。冰山锋利的棱角经常撕裂船体，而冰与冰之间的裂缝会在一夜之间突然冻结，使船只无法航行。当北极的冬天来临时，绝大部分航船会消失在冰雪世界中，因为冰层会越积越厚，最终会压破木制的船体。船员们只能下船寻求救助，可是，在没有住处和足够的食物及燃料的情况下，人们无法在暴风雪和 -50℃ 的低温中坚持太久。这个时候甚至指南针都无法信赖，因为它在磁极附近经常会指示错误。夏天时，太阳不会落山。但从 11 月的第一周开始，连续几个月都是黑夜，直到来年的早些时候，太阳才会重新出现。虽然极地确实存在着人们探寻已久的通道，但要想顺利航行，就必须动用破冰船。

探险家是如何抵达北极的？

到 19 世纪末，人们已经探索了地球的大部分地区，只剩下北极和南极。极地考察没有什么利益可图，除了探险者能获得极高的声望。尽管如此，一批又一批的探险者还是前赴后继地前往极地，结果，他们总是败给恶劣的自然环境。直到 1909 年 4 月 6 日，美国人罗伯特 · E. 彼利带领 6 名探险队员才第一次抵达了北极。罗伯特 · E. 彼利进行过很多次北极探险，积累了丰富的经验。有时他的妻子约瑟芬会陪伴他进行探险旅行。在一次北极探险中，约瑟芬为彼利生下了一个女儿。彼利花了很长时间进行北极探险的准备。在出发前的几个月，他在北格陵兰岛附近的埃尔斯米尔岛上的

美国人罗伯特 · E. 彼利在 1909 年成为第一个抵达北极的人

哥伦比亚海角，建立了大本营，并在那里度过了冬天。第二年二月，彼利带着雪橇犬从大本营出发，经过了长达约 775 千米的探险旅程后，终于抵达了北极点，并在北极插上了美国国旗。1909 年 9 月 7 日，彼利在纽约向世界宣布了他的凯旋。可是彼利在纽约获悉，另外

最早出现在北极的是专门捕杀鲸和海豹的捕猎者，他们从 16 世纪开始就多次出现在寒冷的北极地区

一名极地探险者弗雷德里克·库克声称在1908年就抵达了北极。专家们经过严格考证，最终认定彼利是第一位到达北极的探险者。不过，这场争吵直到今天还没有完全平息。这毫不奇怪，因为北极和周围的地形没有太大的差异，浮冰也并不能作为抵达北极的标志。当时探险者们只有通过对太阳高度进行计算并对地理位置进行测算才能确定自己所处的方位，但是这种计算或推算的准确性任何人都无法保证，因此，当时的探险者几乎无法确定是抵达了极点，还是距离极点几十千米的其他地方。

谁是第一个抵达南极点的人？

差不多在人们探索北极的同时，探险家们也开始对南极产生了兴趣。几十年以来，先是捕鲸者，后是探险家，都抵达了南极的岛屿或海岸线，并最终认定南极洲的冰壳是一片大陆。但直到1899年才第一次有人在南极过冬，这就是挪威人卡斯滕·博克格尔文克。之后，很多勇敢的探险者多次尝试登陆南极，可他们都因天气恶劣和装备不足而失败了。直到1911年，人们才实现了这个目标。

弗里德约夫·南森

1893年，挪威人弗里德约夫·南森专门设计建造的船只——“弗拉姆”号冻结在海面上，他希望能随着洋流，和西伯利亚浮冰一起漂过极地海域，抵达格陵兰岛，从而越过极点。南森最后漂到了距离极点大概500千米的海域。他曾经试图用狗拉的雪橇和轻便的独木舟完成剩下的探险旅程，但可惜的是，他不得不在距离目的地仅250千米的地方放弃了探险活动，疲惫不堪地返回了挪威。

了这个目标。

挪威人罗阿尔德·阿蒙森在1911年10月19日带领4名同伴，乘坐由52只爱斯基摩犬拉动的雪橇，向南极点进发，他们在途中并没有遇到什么困难，最后于12月14日成功地抵达了南极点。次年1月25日阿蒙森返回了他的出发站。

与此同时，英国人罗伯特·F.斯科特也在朝南极点进发。他想利用摩托雪橇和马匹到达南极。后来的事实证明，这是个致命的错误。阿蒙森上路不久，斯科特也从他距离南极点以东650千米的大本营出发了。

弗里德约夫·南森和他的“弗拉姆”号漂到了距离北极点大约500千米的地方

可是斯科特的问题接踵而至。发动机在寒冷的天气里很快就失灵了，马也相继死亡了。斯科特还是坚持不懈地前进，终于，他和探险

罗阿尔德·阿蒙森

队抵达了南极点，可是却发现那里飘扬着阿蒙森升起的挪威国旗。

斯科特和他的队员们十分沮丧和虚弱，他们没能成功返回自己的大本营。8个月之后，搜救队发现了他们的尸体和帐篷，以及斯科特最后的日记。3月29日，斯科特知道自己离死亡不远了，他写下了这最后的日记。

南极的悲剧

斯科特原本是一名经验丰富的极地探险家，可他没有合理地构建自己的探险队。他的竞争者阿蒙森选择了狗拉的雪橇，斯科特却选择了摩托雪橇和马匹。斯科特应该知道，对极地探险来说，马匹肯定远不如狗拉的雪橇适合。因为马匹很重，更容易陷进雪地里，而且它们也无法抵御南极洲的严寒。另外马吃草，而草在南极几乎是看不到的，相比而言，狗是肉食动物，食物问题比较容易解决。左图是斯科特和队员们的最后一张合影。

陌生的世界

深海里的琵琶鱼

探险的故事还没有结束。现在尽管我们可以借助卫星了解大陆的每一个地方。但是，地球上还有很多地方对我们而言是十分陌生的，比如深海世界。现在我们只能通过潜艇和远程控制的探测器去了解这片区域。此外，我们对地球内部的了解也不多，目前最深的钻井也只能深入地下 13 千米，而从地表到地核大概有 6 300 千米。人类还一直致力于探索太空。借助于空间探测器，目前我们可以获得太阳系大量天体的数据和照片。这个世界上还有很多的未解之谜等待着我们去探索。

来自火星的图片

图片提供 / 123RF